国家自然科学基金研究资助项目批准号 51978598；51508494
住房和城乡建设部研究开发项目（2014-k2-022）

微型建筑空间

MICRO
ARCHITECTURAL
SPACE

陈 星 刘 义◎著

中国建筑工业出版社

图书在版编目（CIP）数据

微型建筑空间 = MICRO ARCHITECTURAL SPACE / 陈星，刘义著. —北京：中国建筑工业出版社，2022.8
ISBN 978-7-112-27763-6

Ⅰ.①微… Ⅱ.①陈… ②刘… Ⅲ.①建筑空间 Ⅳ.①TU-024

中国版本图书馆CIP数据核字（2022）第147480号

本书针对微型建筑及微型建筑空间，以其概念阐释为基础，分析其应用前景，捕捉微型建筑所面临的关键问题，提出微型建筑空间需要探索的一些基本问题和研究的意义。在阐述微型建筑及微型建筑空间的发展与演变的基础上，总结微型建筑与微型建筑空间的类型，提炼它们的特点，即功能多样化、空间精细化、个性化与共性化、形态多样化和空间多感化等。本书适用于建筑学、环境设计等相关专业的在校师生以及相关行业的从业人员阅读参考。

责任编辑：唐　旭
文字编辑：吴人杰
书籍设计：锋尚设计
责任校对：李美娜

微型建筑空间
MICRO ARCHITECTURAL SPACE
陈　星　刘　义　著
*
中国建筑工业出版社出版、发行（北京海淀三里河路9号）
各地新华书店、建筑书店经销
北京锋尚制版有限公司制版
北京云浩印刷有限责任公司印刷
*
开本：787毫米×1092毫米　1/16　印张：8½　字数：162千字
2022年8月第一版　2022年8月第一次印刷
定价：**38.00**元
ISBN 978-7-112-27763-6
（39672）

序

建筑原本是一个非常单纯的概念，它能够容纳人们的各种室内活动，能够给予人们具有一定舒适性的环境，也能满足人们的安全防护需要。随着人类文化的发展，建筑具有了各种各样的特点，也肩负着各种各样的附加责任和历史使命。建筑可以是艺术品，是诗意的创造，可以以其为依托，呈现丰富的视觉等美学效果；建筑也可以是工程，可以以其为依托，实现各种不同的功能需求。建筑理论丰富多彩，人们从历史、技术、文化、政治、经济、哲学等角度来总结建筑发展的规律，解释各种各样的建筑现象，于是建筑这一概念变得复杂起来，成为了一个庞然大物，涵盖了太多的问题，离我们的现实生活有了一定的距离。

微型建筑和微型建筑空间作为一种看似新兴的建筑形式，逐渐引起了人们越来越多的关注，尽管它们在人类的建筑建造初始时期就已经产生了。人口增长、资源匮乏、功能多样化、高适应性、高灵活性及个性化的需求等因素使微型建筑和微型建筑空间已经在不知不觉中广泛渗透到了城市的各种空间中，例如我们所熟悉的门房、岗亭、胶囊公寓和国内新出现的核酸小屋等。这些微型建筑和微型建筑空间以较小的成本，灵活迅速地肩负起与普通建筑同样的功能。因此，就微型建筑和微型建筑空间的发展规模而言，它们已经是不可替代了。

现今微型建筑和微型建筑空间形式呈现出多元化的趋势，在建筑和设备、产品和艺术品之间来回横跳，我们似乎不能简单地用以往的建筑学理论囊括它们，也不能粗暴地将它们排除出建筑学之外。因此，研究微型建筑和微型建筑空间，需要一个契入点。微型建筑和微型建筑空间将人体与建筑空间紧密联系起来，既体现在实际的物理空间距离上，也体现在人体的心理层面上。芬兰建筑师Juhani Pallasmaa指出："建筑的体验是一种多感官（Multi-sensory）的体验；空间、材质和尺度的质量是通过眼睛、耳朵、鼻子、皮肤、舌头、骨骼和肌肉来衡量的。"身体与环境刺激之间的互动联系是产生情感体验、提高内部体验质量的重要因素。从建筑现象学的角度而言，场所的存在是基于人体感觉的存在，而空间可以影响人类的感觉，感知干预（Perception Intervention）是建筑空间设计中不可忽视的存在。因此，鉴于上述理论和在微型建筑和微型建筑空间中人体与建筑空间紧密联系这一特点，从人体行为与空间形态和"精神感官"（Mental Sensory）与空间环境刺激等方面对于微型建筑和微型建筑空间进行理论研究和实践性探索，将建筑空间再次拉回人体的基本生理和心理需求，并探索其对于建筑设计和人体行为的能动性，是一项非常有意义的尝试。

2022年8月

前 言

现今微型建筑及微型建筑空间广泛存在于城市及乡村中，人们习惯于使用它们，但是却很少将它们视作一个独立的建筑种类而加以重视。很多微型建筑往往被视为设备，它们作为建筑的地位并不被认可。随着建筑技术的发展，人们的需求日益增长，微型建筑和微型建筑空间的存在感越来越强，已经到了不容忽视的程度。微型建筑变得越来越精美，人们对于其室内环境质量的要求也越来越高。但是，作为微型建筑，其狭小的空间本来就是对环境舒适性的一种挑战，这无疑是建筑行业乃至研究建筑学和建筑技术的学术界所面临的一个新问题。

本书针对微型建筑及微型建筑空间，以其概念阐释为基础，分析其应用前景，捕捉微型建筑所面临的关键问题，提出微型建筑空间需要探索的一些基本内容和研究的意义。在阐述微型建筑及微型建筑空间的发展与演变的基础上，总结微型建筑与微型建筑空间的类型，提炼它们的特点，即功能多样化、空间精细化、个性化与共性化、形态多样化和空间多感化等。

就微型建筑室内空间形态的生成展开新的探索，研究人体行为与空间形态，生成人体线性与非线性空间组合模块构建微型建筑空间单元。

就微型建筑与微型建筑空间的多感化特点，结合空间环境的感知刺激理论，探索各项感知空间对人体的影响，研究感知之间的关系，进行多重感知方面的研究。

就微型建筑空间的居住体验，进一步提炼微型建筑空间中人体的感知特点，研究空间各项感知刺激对人体的生理和心理的影响。

就提升微型建筑室内环境品质的设计思想和方法，提出了微型建筑感知设计理论，并以该理论为基础进行了自适应性微型建筑、采用通用构件的可变微型建筑、行为空间模块线性与非线性微型建筑的实践与空间体验，提出微型建筑空间舒适度多参数评价方法。

希望本书的研究成果以及结合该领域所具有的自主知识产权的各项创新技术，为微型建筑行业的发展和实践提供翔实的理论依据和足够的技术支撑。

本书中的研究得到了国家自然科学基金项目（项目编号51978598、51508494）和住房和城乡建设部研究开发项目（2014-k2-022）的资助，在此谨对国家自然科学基金委员会、住房和城乡建设部表示感谢。

由于作者水平有限，且微型建筑领域发展迅速、创新成果层出不穷，因而书中的错误与不妥之处在所难免，诚恳批评指正。

2022年8月

目 录

第 1 章 绪论

未来，实用耐用的商品将取代美丽的东西。明日的市场，消费性的商品会越来越少，取而代之的将是智慧型且具有道德意识，以及尊重自然环境与人类生活的实用商品。

——Philippe Starck

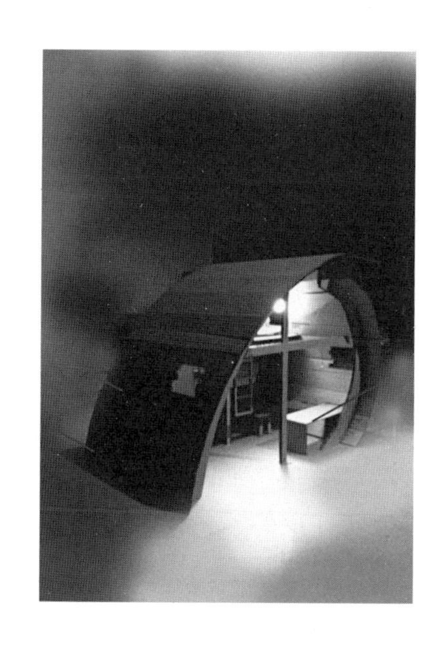

微型建筑与微型建筑空间不仅是一种独特的建筑及空间形式，同时也构筑了一种独特的生活方式——极小生活。微型建筑及微型建筑空间可以是富有个性的，也可以是泯然于众的。它们不声不响地出现在现代社会生活的方方面面，完全不是我们习惯上认为的那么稀少与边缘化。但是，从建筑学的角度，我们似乎一直没有关心它们、正视它们、研究它们，并试图改善它们。它们有的存在于竞赛的设计图纸上，有的被随心所欲地搭建，而有的精心设计的微型建筑与微型建筑空间又往往是以艺术品或工业产品的面目出现。我们提出微型建筑及微型建筑空间应当作为建筑大家族的重要成员之一，以其特殊的建筑形式而被加以关注。

1.1　微型建筑与微型建筑空间的概念

1.1.1　微型建筑

什么是微型建筑（Micro Architecture）？如果单纯地用建筑面积来定义似乎又带来了新的问题，那就是“多少平方米以下是微型建筑?”。卢斯·斯拉维德（Ruth Slavid）一直刻意避免以特定的“地板”面积来定义微型建筑。他宣称：“它是十分迷你的建筑物，可能提供单一用途，也可能在出奇狭隘的空间中执行复杂的功能。”[①]也就是说，依据卢斯·斯拉维德的观点，微型建筑的定义并不一定需要那么的明确和清晰，只需把握住两点：一是对于普通建筑而言，具有类似功能的微型建筑的面积要小很多；二是对于微型建筑本身而言，它的确是小的。就一般视觉感受而言，几个平方米到十几个平方米的建筑都可能会被认定为“微型建筑”。当然，建筑的体量越小，微型建筑的标定就越靠实。

此外，也可以从微型建筑自身的特点来定义微型建筑。1966年，在德国慕尼黑科技大学担任教授的荷顿（Richard H）成立了慕尼黑微型建筑小组。荷顿认为“轻巧”是微型建筑的特色之一。2004年12月，他在德国建筑杂志《细节》中提到：“关于这个词汇，我们的定义是实际上离开地面的建筑物，仅以最小面积‘轻轻接触地球’。”另外“事先建构、可移动和便于运输”，这些荷顿建筑作品的特点，也似乎成为了一些微型建筑的特色。其中，“可移动”这个词反映着时代的特征，因为我们的世界变化迅速，建筑应当发挥更为重要的作用，建筑的领域已经越来越宽广，不再拘泥于固定的永久的建筑模式。可移动建筑（Mobil Architecture）不仅可以实现不可移动建筑的功能，还可以超越不可移动建筑的功能，便于运输和快速安装，能够面对各种突发状况，满足各种临时性的应急需要等。[②]微型建筑很多都是可移动的，它们本身似乎就是轻巧和可移动的标志性代表。

依据微型建筑的概念和特点，会发现生活中确实存在着许多这些类型的建筑。我们经常在城市空间中看到的普通微型建筑包括门房、报亭、岗亭、移动售卖亭和高速公路收费站等。而在城市空间中或大型公共建筑内部也存在着一些经过仔细设计的较为独特的微型建筑，他们包括胶囊公寓、Sleeping Box和带有一定个性化色彩的各种临时性微型建筑等。在这些临时性微型建筑中，有的是注重于功能的，主要服务于从事城市的日常公共事物的低端从业者等，它们大多构造简单，造型简朴，例如高速公路收费站、警察的岗亭等（图1.1）；有的是功能和形式兼顾的，主要服务于需要临时休息或安置的城

① [英]卢斯·斯拉维德（Ruth Slavid）. 全球53个精彩绝伦的小建筑·大设计[M]. 吕玉蝉，译. 北京：金城出版社，2012.

② [英]SUH K. Mobile architecture[M]. Seoul: Damdi Publishing Co, 2011.

图1.1　高速公路收费站

（a）外观

（b）室内

图1.2　6平方米蜗居房

（a）外观

（b）室内

图1.3　蛋形住宅

（a）外观

（b）室内①

图1.4　Sleeping Box

市居民和中、高端从业者，设计较为精巧，例如6平方米蜗居房②（图1.2）、蛋形住宅③（图1.3）和Sleeping Box④等（图1.4）；有的是较为豪华高端的，主要服务于需要在景区野外进行住宿的游客等，造型优美且富有个性，例如Tree hotel⑤（图1.5）；有的是简陋的，主要服务于需要临时安置的灾民或战争难民等，例如法国大辛特难民营建筑⑥（图1.6）和乍得难民营⑦（图1.7）；而有的则是奢侈的，作为私家休憩、娱乐、家用玩具等，例如Chori Chori柔性休憩建筑等（图1.8）。

此外，微型建筑所囊括的内容还存在一些模糊的对象，其中包括帐篷等各种柔性界面所限定的空间载体和各种交通工具等。这些帐篷类构筑物或交通设备介于建筑与非建筑之间，具有与建筑相似的空间功能，例如法国的气泡酒店⑧（图1.9）和美国的帐篷树屋⑨（图1.10）。气泡酒店是可以折叠的充气式塑料结构，帐篷树屋用纱网材料搭设，既可

① http://www.360doc.com/content/11/1016/13/537626_156595443.shtml.

② http://www.chinanews.com/gj/2013/07-31/5104586.shtml.

③ 比利时建筑师设计蛋型住宅 20平米设备齐全[EB/OL]．光明网，2013-10-30.

④ https://www.sohu.com/a/223136924_188910.

⑤ https://www.a963.com/news/30148.shtml.

⑥ http://ad.oushinet.com/europe/france/20160817/240380.html.

⑦ http://news.sohu.com/20080325/n255906934_4.shtml.

⑧ http://news.cri.cn/gb/44371/2013/11/12/6671s4318360.htm.

⑨ https://www.sohu.com/a/125939346_372319.

（a）外观

（b）室内

图1.5 Tree hotel

图1.6 法国大辛特难民营建筑

图1.7 乍得难民营

（a）外观

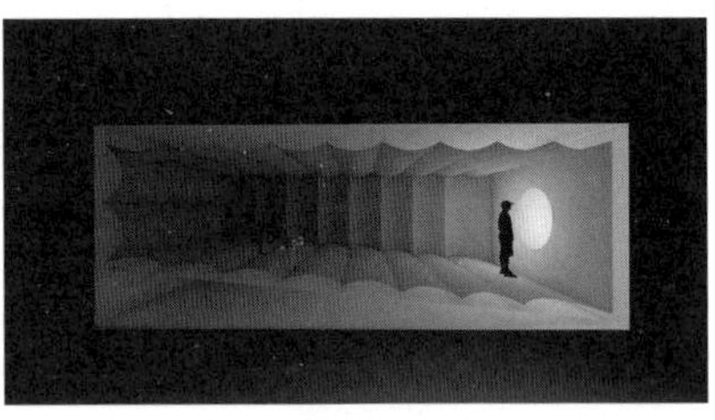

（b）室内

图1.8 Chori Chori

图1.9 气泡酒店

图1.10 美国的帐篷树屋

以认为它们就是某种空间设备，也可以认为它们就是微型建筑。轿车、房车、小型船舶等，除交通功能以外，也可以容纳就坐、就餐、就寝、如厕、洗浴、烹饪、工作等简单乃至复杂的空间功能，因此也可以认为它们就是一种特殊的微型建筑。这些介于建筑与非建筑（设备）之间的空间载体，本身面积小，又兼具轻巧、可以事先建构、可移动和便于运输等微型建筑的特点，因此既可以作为微型建筑的有益补充，也可以作为微型建筑的设计延展。

1.1.2　微型建筑室内空间

根据微型建筑的概念，微型建筑空间的定义也同样需要关注两点：一是对于普通建筑空间而言，具有类似功能的微型建筑空间的面积要小很多；二是对于微型建筑空间本身而言，它的确是小的。就一般情况而言，由于微型建筑空间可以在较大的建筑空间里分隔出来，微型建筑空间比起微型建筑可以更小一些，有些只有不到1～2m^2，例如开放式办公空间里的较小的单人办公卡座等。

微型建筑空间所涵盖的对象会比微型建筑更加宽泛，因为微型建筑空间不仅存在于微型建筑里，也存在于普通体量，甚至是较大或巨形体量的建筑里。我们经常看到的微型建筑空间除了前面提到的微型建筑所包含的室内空间外，还包括一些我们经常在普通住宅建筑里也会接触到的建筑空间，例如狭小的私人卫生间、厨房、阳台、卧室、步入式衣柜等（图1.11、图1.12），以及一些公共场所里会接触到的建筑空间，例如餐厅就餐隔断、公共卫生间的隔断、成衣店狭小的更衣室等（图1.13）。

此外，微型建筑空间所囊括的内容还存在一些模糊的对象，例如飞机、长途巴士、火车、轮船、潜艇、空间站等水、陆、空交通及航天设备的内部舱室等。这些交通设施体型较大，但所容纳的舱室一般却比较小。甚至于有些废弃的交通工具，经过改造，直接就被

图1.11　住宅卫生间

图1.12　步入式衣柜

图1.13　就餐隔断

图1.14　火车旅馆

图1.15　火车旅馆室内

用作旅馆或餐厅等（图1.14、图1.15）。这些舱室空间可以提供与一般建筑空间相同的很多功能，因此既可以作为微型建筑空间的有益补充，也可以作为微型建筑空间的设计延展。

1.2　微型建筑的应用前景

微型建筑在现代社会生活中已经无处不在，它们的制造或建设有些是出于用地紧张或经费紧张的需要，有些是用来满足社会上快速多变的生活的需要，有些是用来应对灾害、战争等紧急情况的需要，而有些则是用来满足个性和情趣的需要。微型建筑空间的应用则更为宽泛，大型或超大型建筑的开放空间为这些微型建筑空间提供了良好的平台，微型建筑空间可以进行“无壳”生成，基本无需为建筑结构和室内环境的控制付出代价，只需要极少的围护结构上的成本就可以改变空间的一些构成要素，诸如形态、尺度、色彩和材质等。因此，微型建筑和微型建筑空间的应用前景十分广阔，不仅可以作为单体独立存在，也可以生存于普通的建筑空间中，既可以满足不同的功能需求，也可以方便地适应于不同的自然环境条件，在不同的地域里落地生根。但是，由于微型建筑和微型建筑空间存在着空间狭小以及空间狭小所引起的其他空间环境条件质量不高等先天上的不足，在使用过程中既要应对诸多挑战，也将迎接前所未有的机遇。“小而精，小而全，小而秀”是当前社会对于微型建筑和微型建筑空间的一种理想化的追求。

1.3　微型建筑面临的关键问题

微型建筑比起普通建筑，自身有着较大的限制，即体量不大、空间也相对狭小、环境质量相对较低。如何设计微型建筑其实是一个复杂的问题，其中的困难主要概括为两个方面：

1. 常规建筑设计方法与微型建筑设计特殊化需求的矛盾

现有建筑设计方法一般是依据建筑设计规范并按照规范的最低要求来限定建筑面积及其建筑体量，力图达到建筑的“微型”。但是，这一方法有时并不能够全面解决微型建筑所面临的设计问题。首先，用现有方法所设计的微型建筑，有的并没有达到使用者所需要的“微型”，这就造成了有些“设备型微型建筑”主动摆脱了“建筑”的身份，意图超出现有建筑设计规范的约束来达到更小，从而满足社会各方面的实际需要。此外，很多微型建筑是用来应急或者本身是临时性的，它们是永久建筑的替代产物，即人们用较小的成本来建造的非正规建筑。这些微型的非正规建筑很多都介乎于建筑和设备或艺术品之间。因此，将微型建筑按照正规建筑来做，有些时候并不适合，也很难办到。因此，鉴于微型建筑和微型建筑空间群体数量越来越庞大，并从低端到高端不断细化，且不断产生新的类型，所以有必要对微型建筑和微型建筑空间进行详细分类，并针对“微型”这一建筑类型所面临的设计问题加以关注。

2. 微型建筑狭小的空间与微型建筑空间精细化需求的矛盾

现有建筑设计方法对于狭小空间所存在的人体与空间的矛盾问题缺乏针对性的解决方法，导致微型建筑和微型建筑空间针对解决空间狭小问题的精细化设计没有跟上，人体行为与建筑空间产生了各种冲突，空间环境的舒适性面临着挑战。微型建筑空间的舒适性问题是一个由量变引起质变的过程，即空间狭小到一定程度，空间的舒适性会出现较大的下滑问题。现有的设计规范往往采用简单化处理问题的方法，即杜绝过小空间的产生，规定最小的面积要求，给人体行为和空间环境的结合留有余地，从而减少矛盾的产生，所以并不能系统化、针对性地从设计上解决人体行为与狭小空间的矛盾。

综上所述，为了在一定程度上解决微型建筑在设计上所面临的困境，针对微型建筑空间狭小的特殊性与其在和普通建筑空间体验上的差异性，首先应处理好形态、功能、舒适性和技术这四个方面的问题，以及这四个方面相互配合与支撑等问题。

1.3.1 微型建筑的空间形态问题

卢斯·斯拉维德（Ruth Slavid）说微型建筑是位于狭隘空间中更像艺术品的建筑。它们以小博大，形成影响力，创造出远超过其规模所能表现的意趣与风格，重要性甚至与规模成反比[①]。由此可见，对于微型建筑的形态要求，有可能比普通建筑的期望更高。这种期望不仅针对建筑外观，也针对与建筑外观紧密联系的微型建筑室内空间。由于微型建筑相对于普通建筑低廉的结构、材料与设计成本，微型建筑给予了建筑空间形态更为丰富与自由的“出镜”机遇。微型建筑的创作可以单人独立创作，设计者无需拥有组织与管理多人团队的能力，如无必要也无需咨询专家与顾问，建筑的设计与施工无需复杂的计划[②]，设计师和业主的灵感与需求可以得到充分的表达与满足。对于蛋形住宅、Tree hotel、Chori Chori、法国的气泡酒店、美国的帐篷树屋和乍得难民营等微型建筑来说，无论它们是昂贵的还是廉价的、务实的还是浪漫的、精细设计的还是自行搭建的，这些微型建筑的空间形态都丰富多彩，极具个性，而且其室内空间也基本顺应了微型建筑的外观形态，因此同样都是极具特色。

1.3.2　微型建筑的功能问题

微型建筑体量微小、室内空间狭小，所提供的功能因此受到了更多的限制。另外，它本身也不能服务于太多的群体，有很多微型建筑只供单人使用。微型建筑在设计上通常要用一些独特的技巧和方法来解决各种功能问题。依据一些微型建筑案例，现提炼出一些为了满足功能需要而创造出的设计方法：

1. 空间外放

空间外放法是将建筑的部分功能放在室外，利用外部环境拓展室内空间的方法，例如蛋形住宅可以将端部和两侧的门开启，形成灰空间，从而进行空间的拓展（图1.3 b）。因为微型建筑的特殊性，固定的灰空间会增大建筑的体量，因而不宜与微型建筑相结合，而空间外放法所创造的灰空间是一种临时性的，可以随时收回的。可收回的灰空间，一般可以利用门窗或者翻板等折叠设施来构成。此外，将一些设备安装于室外也有利于微型建筑的空间拓展，例如将水龙头、喷头等外置，可以让使用者利用室外空间进行洗漱。

2. 建筑、家具一体化

建筑空间与家具的一体化，即充分利用家具充当空间的围合与分隔的界面，利用较少的空间解决更多的问题。例如在蛋形住宅中，蛋壳状外墙的内侧也同时是储物柜与床体（图1.3 a）。勒·柯布西耶（Le Corbusier）的海峡小木屋（Un Cabanon a Cap Mardin），

---

①② [英]卢斯·斯拉维德（Ruth Slavid）. 全球53个精彩绝伦的小建筑·大设计[M]. 吕玉蝉，译. 北京：金城出版社，2012.

也是利用家具作为内部空间分隔的界面①（图1.16）。鉴于折叠家具在日常使用过程中所存在的使用步骤多、整理困难等引起的使用感受差的问题，固定家具仍然更受使用者的欢迎。利用建筑围护结构来充当家具，即家具、结构、空间整体式设计不失为一种适合于微型建筑的优选设计方法，整体式设计可以更有效地在满足使用功能的前提下使空间最小化，优化空间形态并有效节约结构材料等建造成本。

图1.16 海峡小木屋室内

3. 柔性空间

柔性空间法，即充分考虑了在微型建筑室内空间中人体行为与空间互动性加强的实际情况，将建筑围护结构内部空间柔性化处理，模糊了建筑空间与软包家具的界限，例如Chori Chori柔性休憩建筑更像一个放大了的沙发床空间。这种微型建筑的室内柔性空间，从另外一个角度部分解决了狭小空间与人体行为的矛盾问题，即不回避由于空间狭小导致的人体与空间围护结构或室内家具设施的冲撞，而是将这种冲撞所造成的影响无害化，使人体行为更加自由，且引导人体由于地面和墙壁的柔软而倾向于采用坐、卧、躺、趴等闲适姿势，使人体行动速度放缓，避免快速且剧烈的活动，使人体行为与微型建筑空间达到一种相互契合的状态（图1.8）。

综上所述，这些微型建筑及微型建筑空间的设计方法虽然能够在一定程度上解决微型建筑的功能问题，但都存在一些不足之处，有的设计方法仅能够解决部分问题，有的设计方法虽然不同程度地解决了一些现有问题，但也带来了一些新的问题。例如空间外放并不适合恶劣的气候条件，也不利于对空间隐私性的保护；建筑空间形态与家具的一体化，在一定程度上牺牲了空间与人体行为的契合，无论在家具使用方面，还是在空间舒适性方面都存在缺憾；而柔性空间仅能解决一些特殊的功能需求，例如坐、卧及休闲放松，很难满足复杂的功能需求，适用范围相对狭小。

1.3.3 微型建筑的舒适性问题

微型建筑空间环境的舒适性，是一个焦点问题，包含生理与心理两个方面，与空间

① 顾荣明．极小生活？——柯布晚年住所分析[J]．江苏建筑，2008（06）：7-8.

尺度、空间形态、空间色彩、空间材质、室内声、光、嗅觉等环境条件和空间具体的功能特点关系紧密。狭小空间给人的感觉可能有时不那么舒适，特别是还存在有一些显著缺陷的狭小空间可能会对人体造成一些不良的影响。这些缺点包括空间压抑、运动自由度受限、视域受限、行动容易与空间围护界面或空间内容物碰撞造成伤害、呼吸容易感觉憋闷、空气气味较大、夏季室内比较容易过热等，这些负面问题都可能会影响到人体在心理和生理方面的健康[①②③]。但是，微型建筑空间也有着积极的一面，例如空间具有安全感、亲切感、便于运输、易于安装、耗费资源少、价格低廉、富于设计个性等优势。很多儿童都喜欢找一些尺度较小的、色彩鲜艳、造型别致、富有趣味的，只属于自己或属于玩伴之间共同拥有的私密空间，这是人的防御天性与独立本能的体现。所以，从这个方面而言，微型建筑和微型建筑空间对人的心理有时也会有正面的影响。

微型建筑空间对使用者而言，其舒适性评判是基于对建筑空间的一种体验。空间体验是一个动态的过程，在这个过程中，人体的感觉器官不断地接收建筑空间环境所产生的各项刺激，产生不同的感觉组成感觉合集，然后经过思维加工，从而形成环境的整体感知。所以，建筑空间体验实质上是一种“感知体验”[④]。由于“狭小”这一特点，微型建筑和微型建筑空间在使用者的空间体验过程中，提供的是有别于普通建筑的感知刺激。相对于普通建筑的感知刺激，在微型建筑空间中有些刺激的作用效果被改变，有些刺激被放大，有些刺激被弱化，而这些刺激又作用于人体产生不同的空间感知。因此，微型建筑空间的舒适性研究在很大程度上要围绕着人体的空间环境感知体验，从中挖掘规律，并以此作为评判的标准和空间优化的依据。

1.3.4 微型建筑的技术问题

新型材料、新型结构和绿色技术的研发为微型建筑的发展壮大提供了更多的可能。微型建筑无需大尺度的空间，结构支撑难度较小，经常需要快速安装、快速拆卸和运输，能耗需求低，这些特点都为新型材料、新型结构和绿色技术的运用提供了更为广阔的舞台。

微型建筑所需材料一般要求具有轻质、环保、易于拼装或易于成模等特点，且对

① 陈星，刘义．基于人体感知的极小空间主观多维评价模型[J]．工业建筑，2019（10）：80-84.

② 陈星，刘义．基于视觉感知和行走行为的室内空间形态研究[J]．西安建筑科技大学学报（自然科学版），2019，51（3）：411-417.

③ 陈星，刘义．极小建筑空间接触性体验研究[J]．建筑科学，2019，35（2）：143-149.

④ Holl, S, Pallasmaa, J, Pérez G A, Questions of Perception: Phenomenology of Architecture[M]. William Stout: San Francisco, 2006.

于耐久性一般要求不高。此外，针对一些空间品质较高的微型建筑和微型建筑空间，其材料也有无毒无害，在导热和软硬程度上讲求亲肤性等特殊要求。木材、塑料、柔性织物、橡胶等一般建筑室内空间常用的材料都可以大量应用到微型建筑和微型建筑空间里。

微型建筑体量较小且大多为临时性建筑，结构创新的风险压力较轻，空间结构形式可以更加丰富多样。充气、膜结构、可折叠结构、软包等一般建筑不太常用的结构和装修形式都可以大量应用到微型建筑上。

微型建筑单体由于空间体量微小，使用人数较少，一般建筑单体总体耗能不大，采用可持续能源用于自给自足的可能性较大。此外，微型建筑本身就具有节材节地的优势，是一种利于环境永续发展的建筑形式，与绿色建筑技术的结合相辅相成。

综上所述，因为空间狭小等方面的限制，无论在功能需求的复杂性，还是在空间体验的舒适性上微型建筑和微型建筑空间设计都面临着较大的挑战。又因为微型建筑和微型建筑空间所服务的使用主体在日常生活中与建筑空间本身的围护结构更为贴近，微型建筑的空间体验更为细腻，空间环境在细部上的设计甚至需要有更高的要求，所以对微型建筑空间的探索性研究具有一定的迫切性。

1.4　微型建筑空间的探索及研究意义

1.4.1　微型建筑空间探索的一些基本问题

微型建筑和微型建筑空间在形态美学上存在一定的共识，那就是小而精。至于涉及具体的美学设计，则是见仁见智，不同的教育背景、文化背景、种族背景及不同性别和年龄等群体的美学感受存在着较大的差异性。微型建筑和微型建筑空间在功能上差别也较大，它们可以是住宅，或仅仅是住宅中的一间厨房、卫生间、卧室或书房，也可能是一个小商店、收费站、门房等不同功能的建筑。因此，需要将微型建筑空间的研究与探索方向进行收敛，寻找最基础的核心问题。微型建筑及微型建筑空间最大的矛盾就在于空间狭小所带来的一系列问题，这些问题集中在这个狭小的空间是否是人的心理情感所能接受的，是否在人体生理的忍耐限度内的，是否可以满足基本的卫生、安全等条件的，是否可以满足人体的基本行为的。这些问题是一层层向前推进的，首先是空间可以留住人（在生理和心理上能够适应），其次是人在空间中能够受到保护（具有基本的卫生、防护安全），最后是可以在空间中行动（满足人体的基本行为）。因此，微型建筑空间环境的生理和心理舒适性问题，是研究的首要核心内容。

微型建筑只有满足基本的空间使用上的舒适性，才能够谈及满足指定的各种复杂的功能需求。微型建筑的基本舒适性与内部环境的多种因素紧密相关，其中最为重要的一个方面是建筑空间形态。微型建筑的空间形态既要满足人体正常行为的需求，也需要满足一些特殊的功能需求。而问题的核心在于，由于微型建筑空间狭小，需要充分利用每一寸空间以给人体的行为留有余地，因此建筑的空间形态不应只由建筑的材质、结构、文化和自然环境等条件来决定，人体基本行为到底需要一个什么形态的空间，也成为了一个决定微型建筑空间形态的决定性因素。此外，无论是在人体的生理还是心理方面，空间的色彩、材质、尺度、比例、气味、声音、采光等这些能够被人体所感知的各项环境因素，都能够在不同感知层面上影响空间的舒适性。前面所提到的解决微型建筑空间问题的设计技巧与方法，一部分是通过常规的空间外放与分隔空间的方法来解决功能空间组织的矛盾，还有一部分是利用柔性空间，增强空间触觉和动觉的舒适性来达到提升环境品质，满足功能要求的目的。鉴于以上的设计实例，我们可以这样认为，在了解微型建筑空间现有环境和使用主体个性特点的基础上，可以结合人体、建筑空间环境刺激、建筑空间环境感知等空间感知体验相关内容和相关理论体系，利用空间设计逆向影响人体的空间感知体验，从而在一定程度上提高狭小空间中人体的生理和心理舒适性。这个观点的提出，为微型建筑空间的探索指出了方向。

1.4.2 微型建筑空间的研究意义

对于微型建筑空间这些基本问题的探索，可以系统性地针对这一特殊建筑类型的空间环境质量进行优化，即在客观上提升各项物理参数，在主观上利用设计营造积极的空间感知体验，以促进空间与人体行为的契合度。从这一角度来说，微型建筑无论从空间、心理、生理距离而言，都是与人体最为亲密的建筑类型。

1. 促进微型建筑空间与人体行为之间的拟合

人体椭圆、人体气泡学说所分析的人的空间领域并不是欧几理德几何所建构的线形空间，而是非线性的。萨斯大学建筑系教授 Bezaleel S. Benjamin 对太空中紧缩空间的形式与使用方式做了深度的分析与研究，提出人的行为空间为梨形。而在太空中，重力方向不是单一的，因此人的行走交通模式也由水平方式变成立体模式[①②]。由于微型建筑

① Benjamin B S. Space Structures for Low-stress Environments[J]. International Journal of Space Structures, 2005, 20(3):127-133.

② RukmanePoča, Ilze, Krastiņš, Jānis. The Tendencies of Formal Expression of 21st Century Architecture[J]. Architecture & Urban Planning, 2010.

空间是与人体最为贴近的一种生活空间模式，其空间形态需要与人体行为活动相拟合。空间的感知体验受到人体生理感觉器官的决定性影响，与室内环境参数所决定的感知刺激并不是完全意义上的对应关系，空间环境条件的设置理应考虑到作用于人体的效果[①]。但是，现今微型建筑空间的实践重点仍大多处于在最小的面积指标下满足或适应更多的功能要求，缺乏人体工程学的辅助，对于建筑空间与人体之间的契合关系问题，关注度不够，研究的也比较少。因此，人体与空间拟合的研究具有较强的现实意义。

2. 促进微型建筑空间提升室内物理环境的质量

微型建筑空间的室内环境不同于一般的建筑室内空间。首先，它的居住空间狭小，室内环境容易受到各种因素的干扰，例如人体热源可能会使室内的温湿度环境发生较大地改变，人体的呼吸也会快速影响室内空气的含氧量，室外环境条件及其变化对室内环境的影响较大等。其次，微型建筑空间对人体活动的限制和卫生污染状况等问题对人体生理造成的影响也都需要进一步的研究。最后，微型建筑空间的“狭小”，会造成不同于普通建筑的感知刺激，这些都是微型建筑空间室内环境所需研究的重要内容。因此，从微型建筑空间的特殊性方面出发，研究其物理环境的相关问题，提炼其中的规律，有助于得出适合微型建筑使用主体的环境条件提升方法，可促进微型建筑空间物理环境质量的优化。

3. 促进微型建筑空间改善对人体心理和生理方面的消极影响

微型建筑因为空间狭小，有可能会给使用者带来一定的心理和生理上的不良影响。微型建筑空间的形态、色彩、照明、材质、机理、尺度、采光、声环境等条件对于人体的心理和生理方面的影响机制方面研究的并不是很多，至于这些感知刺激之间的相互关系和强弱变化对于人体的影响更有待于进一步的探索。而这些室内环境的相关要素与居室的隐私性、舒适性、适应性、安全性息息相关。在此基础上，提炼微型建筑空间对人体生理和心理的影响规律，有助于促进微型建筑空间生理和心理环境的改善。

4. 促进微型建筑空间改善有助于节能、节地与节材

由于土地紧张和人口增长等问题，高密度城市中的用于居住和工作的空间变得日益紧张，促进微型建筑与微型建筑空间的改善可以在一定程度上缓解现有微型建筑空间的缺陷，提升使用主体的生活质量，使人们更加容易适应在狭小空间中的生活，促进人们能够更多地选择使用微型建筑与微型建筑空间，从而达到节能、节地与节材的目的。

---

① J López-Besora, A Isalgué, Coch H, et al. Yellow is green: An opportunity for energy savings through colour in architectural spaces[J]. Energy and Buildings, 2014, 78(78): 105-112.

第2章 微型建筑及微型建筑空间

缩小尺寸可减少用材、建造和运输的耗能、施工所需的实际物质，以及室内冷暖气所需的能源。

——荷顿（Richard H）

微型建筑与微型建筑空间有着漫长的发展与演变的历史，它们不断地被气候条件、地域环境、本土资源、生活习俗、文化传统、民族个性、生理特征、科技发展等多种因素所影响，跨越了整个人类发展的历史。人们的建造历史始于微型建筑，从容纳身体的最原始的目的开始，逐渐过渡到材料与技术对于建造的高度控制，而现今人们不仅大量地使用微型建筑，也对微型建筑提出了空间人性化等更高的要求。这个过程仿佛是一个轮回，从人到外在条件，最后又返回到了人。微型建筑与微型建筑空间存在着非常多的类型，有些由低技生成，非常原始；有些由高技生成，非常奢华；有些功能非常单纯，有些功能又非常复杂。微型建筑作为建筑中一个较为另类的群体，有着极其鲜明的群体特征。但是，微型建筑空间留给人的印象是什么？在狭小的空间中，人们比较在意的是什么，这些都要从微型建筑的发展与演变中去寻找答案。

2.1 微型建筑及微型建筑空间的发展与演变

微型建筑及微型建筑空间的概念不宜用建筑面积来限定，是因为大建筑与小建筑的界定从古至今都在不断地变化，容易导致逻辑概念上的冲突与矛盾。设计、建造、结构与材料技术的发展，导致新的空间生成方式和新建筑形态的产生，建筑和类建筑所涵盖的范畴也在不断拓展。所以，我们有必要对微型建筑及微型建筑空间的发展与演变做一个简单的概述，从而加深对它们的认知和理解。

在《孟子·滕文公章句下》中记载，公都子曰："外人皆称夫子好辩，敢问何也?"孟子曰："予岂好辩哉？予不得已也！天下之生久矣，一治一乱。当尧之时，水逆行，泛滥于中国，蛇龙居之，民无所定，下者为巢、上者为营窟。"《墨子·辞过》中记载，子墨子曰："古之民，未知为宫室时，就陵阜而居，穴而处。下润湿伤民，故圣王作为宫室。"在《韩非子·五蠹》中记载，"上古之世，人民少而禽兽众，人民不胜禽兽虫蛇。有圣人作，构木为巢以避群害，而民悦之，使王天下，号曰有巢氏"。在中国历史上，古代的劳动人民由于生产力和建构技术所限，利用现有洞穴或挖洞窟而居是一个普遍现象，而好一点的洞穴是在地面上的，差一点的洞穴是在地面下的（图2.1）。此外，还有木构的巢居。这些原始的住居大多数都是比较迷你的建构筑物，仅能容纳人体日常活动所需要的空间，基本没有太多的富余。洞穴空间通常都是不规则的非线性曲面空间，容纳的肢体动作也有限，有的仅供坐、卧和爬行，不包括站立与行走。这种非线性空间的尺度和形态，往往都是基于人体的生理特征（身高、臂长、腿长以及肥胖程度等）、日常的行为以及行为发生的习惯性方位而形成的。现今的胶囊公寓与这些穴居或巢居空间有些相似之处，很多也仅提供坐卧空间，并不能容纳基于直立行走基础上的各种肢体行为。所以，从某种程度上说，人体所需要的基本生存空间从古至今其实都可以很小，人体可以依据自己的生理特征和行为习惯生成空间，这种空间需要提供的是安全、保暖、遮蔽和休憩等基础功能，远古时代可能还有隐藏以屏蔽潜在危险的功能。

随着生产力和建构技术的发展以及人们对美好生活的追求，人们逐渐可以建造出较大的建筑空间，而空间生成对于生理特征和行为习惯的依赖性也逐渐降低，建造过程中更多的是对于气候条件、建构材料、结构和建造技术的考虑。建筑逐渐由又小又原始的状态，发展到拥有一定几何形体的乡土建筑。干旱地区的平屋顶建筑、多雨地区的坡顶建筑、木构建筑、石砌建筑、夯土建筑等丰富多彩的建筑形式应运而生。随着工业化的发展，建造技术和材料技术的提升，以及追求数量、速度等新要求的出现，混凝土、钢

断崖上的横穴

坡地上的横穴

袋形竖穴1

袋形竖穴2

半穴居

地面建筑

（a）穴居到地面建筑的演变

（b）巢居到地面建筑的演变

图2.1　原始的住居

材、玻璃、胶合木等建筑材料与框架结构、框剪结构、剪力墙结构、钢架结构、桁架结构、张拉结构、网架结构、编织结构、壳体结构、拱券结构等新型结构结合起来，使建筑空间越来越精致、越来越丰富、越来越宏大，也越来越机械化了。而现今，在人口爆炸、能源危机、环境污染、传染性疾病蔓延等问题越来越严峻的社会背景下，追求建筑的宏伟与豪华已经不那么被人们所推崇了。极简节约的生活理念开始流行，越来越多的微型建筑与微型建筑空间开始出现。这种发展好似一个轮回，仿佛返璞归真，从起点绕了一圈又回到了原点。但是，今天的微型建筑与过去原始的微型建筑其实又有太多的不同之处，螺旋式上升对这一问题的描述应该更为贴切一些。这些不同之处主要表现在四个方面：（1）现今微型建筑和微型建筑空间的功能更加丰富、更加复杂；（2）空间的生成方式更加多样化；（3）空间环境的舒适性要求更高；（4）空间的人性化需求迫切。根据这四个不同之处，可以将微型建筑基于自身服务年限、服务功能、建构特性来进行分类，而微型建筑空间则根据独立性、开放性和形态特性来进行分类，总览了这四个方面的发展特点。

2.2 微型建筑与微型建筑空间的类型

生活水平的提高与建筑技术的发展，促使人们将建筑的功能开始向其他领域拓展，而越来越多的建筑空间也成为了其他功能领域的依托，建筑开始跨越行业的界限，建筑功能的复合性也越来越强。这一趋势造成建筑不停地在艺术品、工业产品、设备等不同事物中间摇摆，而微型建筑及微型建筑空间由于成本低、占地小、施工简单、运输方便、自主创作空间大等众多优势，成为这种大趋势下优先考虑的对象，而这一情况，也间接促进了微型建筑及微型建筑空间的繁荣。

2.2.1 微型建筑的类型

微型建筑的分类比较复杂，依据微型建筑自身建构的特性——轻巧、事先建构、可移动和便于运输，我们可以把微型建筑分成重质和轻质微型建筑、固定和可移动微型建筑、预制（半预制）微型建筑和现场建造微型建筑。依据微型建筑所服务的年限，可以分为短时性、中时性和长时性微型建筑。依据微型建筑所服务的功能，可以分为公共服务、私用、景观和治疗等。根据具体的建筑设计和使用方式的特点，可分为房屋型和设备型微型建筑等。依据微型建筑的形体特征，可以将微型建筑分为线性和非线性的。

1. 依据微型建筑自身建构特性的分类

（1）重质和轻质的微型建筑

很多微型建筑都是比较轻巧的，轻质微型建筑多用木材、竹子、塑料、织物、轻质金属构件等搭建而成。重质微型建筑有一些是用混凝土、砖、石和夯土等重质材料所建造的，例如混凝土帐篷和撒哈拉的塑料瓶沙土房（图2.2、图2.3）。混凝土帐篷利用化

图2.2　混凝土帐篷

图2.3　塑料瓶沙土房

学反应所释放的气体作为结构支撑来进行混凝土的现场浇筑，非常适合在野外搭设，整个建筑为混凝土壳体结构，混凝土壁层比较薄，但非常坚固[①]。撒哈拉的塑料瓶沙土房是利用塑料瓶来装沙土，堆叠形成圆形房屋[②]，还有一些类似的灾民自建微型建筑，是使用条形软袋装沙土，堆叠形成类似的圆形房屋。这些重质微型建筑的材料既然是混凝土和沙土，一旦建成，基本也就无法轻易地拆卸和移动了。

（2）固定和可移动微型建筑

对于固定和可移动微型建筑的判定，一般情况是基于建筑的建造材料，如果是重质的就基本属于固定建筑的范畴了，如果是轻质的，那么很多都是可以移动的，但是一些拆卸容易损坏的建筑并不包含在内。例如Sleeping Box和法国的气泡酒店，Sleeping Box体量微小，易于拆卸；气泡酒店易于折叠，包装搬运起来也相当方便。

（3）预制、半预制和现场建造的微型建筑

对于预制、半预制和现场建造的微型建筑，其建造方式的不同，在一定程度上体现了地区的工业化水平。在普遍工业化程度不高或运输困难的地区，微型建筑的现场建造可能更容易实现，例如撒哈拉的塑料瓶沙土房和乍得难民营建筑等。还有一些基于特殊要求或由于建造复杂而只能半预制的微型建筑，例如混凝土帐篷和Tree hotel等。混凝土帐篷作为建筑半成品，它的混凝土只能现场注水硬化，Tree hotel由于结构较为复杂，仍然需要一些现场加工工艺。还有一些由于组件精密小巧，必须全部预制好，需要高度工业化水平才能生产出来的微型建筑，例如Sleeping Box、蛋形住宅和法国的气泡酒店。大辛特难民营建筑由于经费所限，结构异常简单，要求快速安装，所以也非常适合全部预制的形式。

① [英]卢斯·斯拉维德（Ruth Slavid）. 全球53个精彩绝伦的小建筑·大设计[M]. 吕玉蝉，译. 北京：金城出版社，2012.

② http://www.chinanews.com/gj/2017/05-23/8231344.shtml.

图2.4 纸质临时棚屋

2. 依据微型建筑服务年限的分类

对于微型建筑所服务的年限，短时性、中时性和长时性微型建筑，表达了微型建筑在使用年限上的特点。微型建筑的使用年限差异很大，有的可能几个月（短时性），有的可能1～2年（中时性），还有的时间更长，甚至可能会长达10年以上（长时性）。所以，用短时性、中时性和长时性作为微型建筑使用时间长度的区分较为合适一些。微型建筑的使用年限由本身的材料及结构方式所决定，例如板茂为阪神大地震灾民做的纸质临时棚屋[①]（图2.4），由于纸的防水和防火性能较差，有的使用年限仅有几个月不等。混凝土帐篷的材质是混凝土，耐久性较好，使用年限可以长达10年以上。但是，微型建筑的使用年限并不仅仅由材料所决定，还和当地的自然条件和居民的经济能力直接相关，例如干旱地区，建筑不容易腐朽，再加上保养得当，使用年限就会长一些。还有一些诸如战争造成的原因，一个难民营可能会维持几十年，而有些难民政策是尽可能地让难民不舒服，迫使他们离开[②]。由于难民往往不愿离开，这也会造成一些提供给难民安置的临时性微型建筑，可能会被使用的年限远远超过其设计服务年限。

3. 依据微型建筑服务功能的分类

对于微型建筑所服务的功能，涉及一般性公共服务、商业、办公、文化、娱乐、非居住类私人服务、居住、景观和治疗等，代表了现今微型建筑功能日趋多样化的趋势。

（1）一般性公共服务微型建筑

公共服务微型建筑包含公厕、高速公路收费站、门房、岗亭、公交车站等城市或社区等带有服务性质的微型建筑。例如金属玻璃箱型的高速公路收费站，混凝土与玻璃组合的小门房、袖珍玻璃盒子岗亭等（图2.5、图2.6）。

（2）办公微型建筑

办公微型建筑往往会出现在一些临时性需要和处理紧急事物的地区，例如蛋形住宅，这项设计最初是为意大利一家设计公司解决燃眉之急而设计的，当时该公司正苦于无法获得办公室扩建的建筑许可[③]。

---

① http://blog.sina.com.cn/s/blog_15e1437990102waou.html.

② http://news.163.com/11/0916/05/7E25FVJ900014AED.html.

③ https://www.sohu.com/a/201781306_481639.

图2.5　门房

图2.6　岗亭

图2.7　草原迷你旅馆

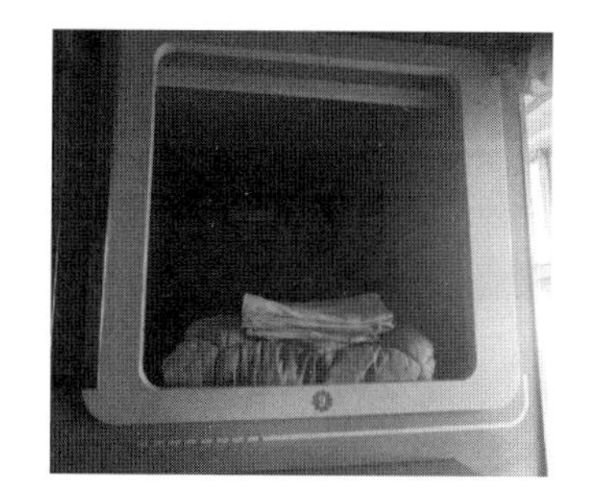

图2.8　胶囊公寓

图2.9　书报售卖亭

图2.10　烧烤亭

（3）商业娱乐微型建筑

商业微型建筑包括微型旅馆、胶囊公寓、迷你小吃店、移动早餐亭、迷你售卖亭、迷你书报售卖亭、迷你烧烤亭等。微型旅馆包括前面所介绍的Tree hotel、气泡酒店，还有草原迷你旅馆等，这些建筑外观都极具个性，有些甚至表现夸张，富有浓郁的商业化气息。胶囊公寓在外观上则基本没有什么建筑的感觉，仿佛是一个个的封闭铺位（图2.7～图2.9）。娱乐微型建筑包括自拍屋和移动KTV等，这类微型建筑更注重设备的功能性，建筑空间仅是承担这些设备的载体，外观极简，内部装修精细（图2.10～图2.12）。

图2.11　自拍屋

图2.12　移动KTV

（4）文化地景微型建筑

文化微型建筑包括迷你书屋、微展馆和迷你戏院等，例如由Toshihiko Suzuki设计的Modio微型展馆，是一个扇形充气结构，还有玛格玛建筑事务所（Magma

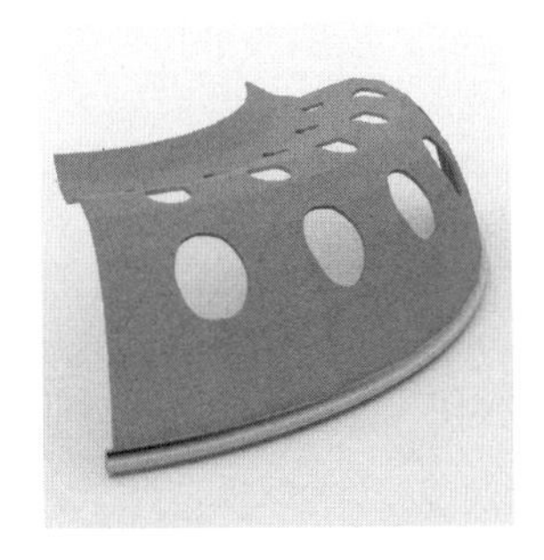

图2.13　Modio

图2.14　迷你表演台

图2.15　露天音乐台

Architecture）设计的PPod活动戏院、西安高新区的地景迷你表演台以及麦克劳夫伦建筑事务所设计的露天音乐台（Band Stand）犹如风吹一般的白色建筑物①（图2.13～图2.15）。

（5）私人服务微型建筑

私人服务微型建筑包括私人教堂、温室、木工房等，例如由MORANA+RAO ARCHITETTI设计公司设计的意大利私人小礼拜堂，建筑为一个规则的长方体，长4m，宽3m，高4m，表面未加任何装饰或雕刻②，整体朴素大方（图2.16）。

（6）居住类的微型建筑

居住类的微型建筑数量庞大，是很多建筑师喜欢尝试的对象，例如意大利著名建筑师伦佐·皮亚诺（Renzo Piano）设计的6平方米蜗居房、Sleeping Box和勒·柯布西耶（Le Corbusier）设计的海峡小木屋（Un Cabanon a Cap Mardin）等。6平方米蜗居房和海峡小木屋与传统的小型住宅在形态上没有太大的差别，仅是空间变得狭小而已。但是Sleeping Box就完全颠覆了传统住宅的形象，更符合勒·柯布西耶所描述的“住宅是居住的机器”这一概念。Sleeping Box的外观具有浓烈的工业产品的表征，精致、细腻，无论是材质、线脚、色调、产品的标志等都更倾向于一种电子产品的包装盒，冷淡、洁净且时尚，与传统建筑形象相差甚远。

（7）治疗类的微型建筑

治疗类微型建筑的出现使微型建筑功能的复合性越来越强，可以为跨越行业服务提供一个有力佐证，例如多感知建筑（Multisensory Architecture）。多感知建筑由建筑、人体运动学和精神病学的专家Sean Ahlquist，Leah Ketcheson和Costanza Colombi合作开发，设计创造了一种交互感知的微型建筑环境。在这个微型建筑中，触摸、攀爬和按压

① [英]卢斯·斯拉维德（Ruth Slavid）. 全球53个精彩绝伦的小建筑·大设计[M]. 吕玉蝉，译. 北京：金城出版社，2012.

② https://www.gooood.cn/cappella-privata-by-moranarao-architetti.htm.

图2.16　私人小礼拜堂

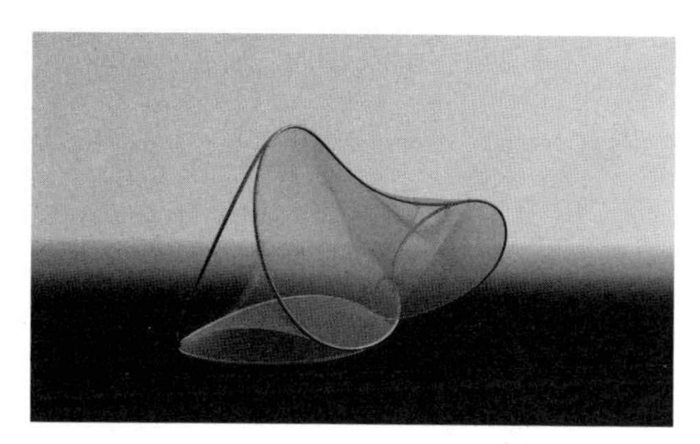

图2.17　多感建筑

等肢体活动可以引起多种不同的视觉和听觉的感知刺激。按压强度的大小可以导致颜色、图案密集程度、音乐等声效和空间形体等的变化，从而刺激幼儿孤独症患者进行肢体运动和社会交往①（图2.17）。

2.2.2　微型建筑空间的类型

微型建筑空间的分类有很多方式，依据空间独立性可以分为独立微型建筑空间和附属微型建筑空间。依据空间围合状况，可以分为封闭式微型建筑空间和半开放式微型建筑空间。依据空间形态，可以分为线性和非线性微型建筑空间。依据围护界面的属性，可以分为实体微型建筑空间和虚体微型建筑空间。

1. 依据空间独立性的分类

微型建筑空间比微型建筑的存在还要广泛，任何一个微型建筑都拥有一个独立的微型空间，但是很多普通建筑也可以依据功能在建筑内部塑造微型建筑空间。因此，可以根据其存在的依附关系把微型建筑空间分为独立微型建筑空间和附属微型建筑空间。附属微型建筑空间在结构上必须依托普通建筑主体，例如办公室的隔断、厕所隔间、步入式衣柜、餐馆的卡座和连续成排的胶囊公寓等。

2. 依据空间开放性的分类

微型建筑空间有的完全封闭，有的则是半开放性空间，这一情况在独立微型建筑空间和附属微型建筑空间都存在着。附属微型建筑空间的办公室和餐馆的卡座是半开放式微型建筑空间，厕所隔间、步入式衣柜和胶囊公寓是封闭式微型建筑空间。独立微型建筑空间的书报售卖亭、烧烤亭、自拍屋等都属于封闭式微型建筑空间，而Modio、迷你表演台和露天音乐台则属于半开放式微型建筑空间。

① Sean A, Leah K, Costanza Colombi, Multisensory Architecture: The Dynamic Interplay of Environment, Movement and Social Function[J]. Architectural Design, 2017, 87(2): 90-99.

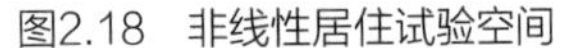

图2.18　非线性居住试验空间

图2.19　感知展空间设计

3. 依据空间形态特性的分类

如果微型建筑本身是非线性的，它所拥有的独立微型建筑空间一般也为非线性空间，例如露天音乐台和多感建筑等。如果微型建筑本身是线性的如矩形体块，它的内部空间可能是线性，也可能是非线性的，例如Sleeping Box中的线性空间和非线性居住试验空间内部的非线性空间（图2.18）。对于附属微型建筑空间而言，它所依托的普通建筑主体对其空间的形态影响不是很大，因此可能是线性的，也可能是非线性的，例如Studio Joseph设计的感知展空间设计①，不同色彩的线状围屏可以勾勒出各种空间形态，无论是线性的，还是非线性的（图2.19）。

2.3　微型建筑与微型建筑空间的特点

2.3.1　空间尺度狭小且易于建构

微型建筑空间可以非常小，1～2m^{2}的空间基本趋近于微型建筑空间的极限区域。高速公路收费站、电话亭、岗亭等很多都属于这样的空间。这些异常狭小的空间，功能占据主导地位，出于工作的需要，很多外观造型都为透明玻璃盒体。总体而言，这种明显小于常规的建筑仅为工作需要而生，整体室内环境舒适性较差，但易于建构。

2.3.2　功能多样化

现今微型建筑的功能日趋多样化，其所服务的功能已经渗透到了很多普通建筑的功能领域，涵盖了一般公共服务、商业、办公、文化景观、娱乐、私人服务、居住等常见的建筑功能。此外，微型建筑还涉及一些特有的功能领域，一些原来不属于建筑

① https://www.gooood.cn/the-senses-by-studio-joseph.htm.

图2.20 智能淋浴间

图2.21 移动KTV内景

领域的功能也开始和微型建筑结合起来，例如用于治疗儿童孤独症的多感建筑等。

2.3.3 空间精细化

现今微型建筑的空间日趋精细化。由于材料、设计和建造等技术的发展，微型建筑空间设计变得越来越精确，空间变得越发精致，能与多种设备进行复合，促使一些微型建筑走向了“设备化”的发展趋势。微型建筑的“小而精”为建筑的设备化提供了良好的平台，例如Sleeping Box、自拍屋、智能淋浴间和移动KTV。这些微型建筑与各种设备紧密结合，使设备的功能性得到了更好的发挥，可以说这类微型建筑也是某种设备在使用上的延展（图2.20）。

2.3.4 个性化与共性化

微型建筑与微型建筑空间由于功能的多样化，表现为个性化与共性化平行发展的特点。

一些微型建筑与微型建筑空间是仅供私人使用的，空间的精细化促进了微型建筑更进一步贴近使用者的个性需求。这种个性需求表现在各个层面上，包括色彩、材质、尺度、形态、功能等，其中最令人关注的是空间与使用者生理特征、感知和行为习惯的贴合，包括身高、肢体长度、肥胖程度、行为习惯、运动特点和冷暖、色彩、触觉喜好感觉等。这些在普通建筑中有时很难做到细腻贴合的地方，在微型建筑和微型建筑空间中都有可能实现，例如6平方米蜗居房、勒·柯布西耶（Le Corbusier）的海峡小木屋（Un Cabanon a Cap Mardin）、非线性居住试验空间等。

一些微型建筑与微型建筑空间是供普通消费者使用的，具有使用者日常的共性需求，例如胶囊公寓、Sleeping Box、智能淋浴间和移动KTV①等（图2.21）。这些空间日常滚动使用，服务于大众，因此模式基本统一，变化依靠产品型号，共性色彩强烈。

① https://www.sohu.com/a/285204520_100298129.

2.3.5 服务对象多样化

微型建筑与微型建筑空间的服务对象可以是固定的，也可以是不固定的。不固定的服务对象特指那些滚动使用的设备化空间。此外，微型建筑与微型建筑空间服务对象的群体类型也截然不同，可以是需要私人定制的高级业主，可以是富于挑战精神的建筑师，可以是紧缺住房的城市居民，可以是需要临时休憩的旅行者，可以是需要在景区度假的游客，可以是需要就近工作的上班族，可以是急需安置的灾民和难民，也可以是需要治疗的患有心理疾病的患者。而从更广的范围来说，每一个普通市民都拥有微型建筑空间，因为城市住宅里都有厕所和厨房这类狭小空间。

2.3.6 形态多样化

微型建筑与微型建筑空间的形态由于功能不同，服务对象不同，所处地区和气候环境不同而呈现出丰富多彩的建筑风格和空间形态。此外，即使功能、服务对象、所处地区和气候环境等都相同，由于使用者的个性化特点，微型建筑和微型建筑空间也仍然具有着鲜明的个性特征。

1. 不同的建筑风格

微型建筑在风格上大约有五种趋势：乡土风、缩小版简约式、建构风、设备化以及功能化。

呈现乡土建筑风貌的微型建筑，包括原始粗犷的灾民自建安置房，例如乍得难民营建筑和塑料瓶沙土房，前者利用灌木的枝干建造，形成类似于锥形的编织建筑，后者利用夯土和砌体（塑料瓶沙土）砌筑技术，形成夯土建筑。

缩小版的简约式微型建筑与普通建筑形态殊无二致，重在空间布局上的压缩，例如6平方米蜗居房、Tree hotel和海峡小木屋（Un Cabanon a Cap Mardin）。

呈现建构风的微型建筑，很多存在于文化地景中，例如Modio微型展馆、西安高新区的地景迷你表演台以及麦克劳夫伦建筑事务所设计的露天音乐台（Band Stand）。

设备化的微型建筑，包括Sleeping Box、自拍屋智能淋浴间和移动KTV等，这类微型建筑更注重设备的功能性，建筑空间仅是承担这些设备的载体，外观极简，工业风较强，更符合建筑机器的既视感。

功能化的微型建筑，例如高速公路收费站、法国大辛特难民营等。这类建筑完全是基于满足临时性的遮风避雨的需要，在造型上基本没有太多要求。例如法国大辛特难民营建筑只有简单的压型钢板屋顶和近乎方盒子的木构建筑主体，整个建筑群类似于木头箱子的阵列。

2. 不同的空间形态

对于线性和非线性的微型建筑，一般决定于微型建筑的生成方式，例如露天音乐台和多感建筑就是非线性的，Tree hotel和私人小礼拜堂就是线性的。非线性微型建筑由于造型复杂，迎合人体生理特征和行为习惯，更符合微型建筑小而精的形态期望。

这些微型建筑及微型建筑空间形态多样，包括圆柱体、圆锥体、立方体（倒角与不倒角）、不规则三棱锥体、球体、卵形体、帐篷状和一些不规则的非线性空间的造型等。可以说，就微型建筑和微型建筑空间本身而言，由于结构技术要求较低，只要所构筑的空间能够为人所用，空间造型的选择就可以相当自由。

2.3.7 空间多感化

健康的人体，随时都会通过生理感觉器官获得周围环境的各种感知刺激。感觉（Sensation）是对作用于感觉器官的客观事物的个别属性的反映，是一种直接的、简单的和孤立的反应。而将这些感觉综合在一起，构成对各个部分的整体反映，再结合已有的实践经验，判断一个物质空间环境，就是知觉（Perception）。人的感觉器官包括眼、耳、鼻、舌、身等。主要感觉包括5种类型：视觉（Sense of Sight）、听觉（Sense of Hearing）、嗅觉（Sense of Smell）、味觉（Sense of Taste）、躯体觉（Body Sense）。躯体觉包括温度觉（Sense of Warmth）、触觉（Sense of Touch）、压觉（Pressure Sensation）和痛觉（Sense of Pain）等。此外，还有运动觉（Kinesthesis）和平衡觉（Equilibratory）[①]。能与建筑空间环境联系起来的人体感觉，除了味觉以外，其余四种感觉基本都涵盖在内。建筑室内空间环境实际上是一种特殊的多重感知空间环境，这些能引发人体感觉的空间环境刺激实际上常常都是在同一时段共同作用于人体的，因此人体通过外界刺激所形成的建筑空间环境感知实际上是其综合作用的结果。

微型建筑空间环境因为空间狭小，可能会强化、改变或削弱某种或某几种人体感知，从而对人体造成不同于普通建筑空间的影响。在微型建筑空间中，也可以主动地通过设计改变、强化或削弱某种或某几种人体感知，甚至在几种感知之间建立时间、空间、数量和强弱层次等方面的关系，乃至制造它们之间的联动，形成紧密联系的空间多重感知效果，用以达成微型建筑空间的功能、提升微型建筑空间的质量或实现其他需要的目的。在这些设计方法的背后，隐藏着空间与人体感知的作用机制。这些相关的因素、各个因素的权重、发生的方法、次序、强度以及时空关系等规律则是实现

① 常怀生．建筑环境心理学[M]．北京：中国建筑工业出版社，1990.

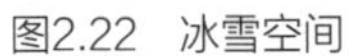

图2.22　冰雪空间

图2.23　火焰空间

多重感知建筑空间环境的关键。可以说建筑空间环境与人体感知是一体的，也可以说感知连接了空间与人体，赋予了一个人能够体验的“真实空间”，而这种“真实空间”实际上与客观的空间存在并不是同一事物，它们之间具有一定的差异性。例如在同一个建筑空间中，不同的光影及动感设计能够塑造出截然不同的空间环境效果。在这种情境中，客观存在的空间反而不能够让人观察到，真正影响人们的是设备赋予空间的各种声光效果及其所结合的建筑空间所造成的“虚拟的空间感知”。例如可以采用高清投影仪，将动态的冰雪和烈焰投射到同一建筑空间的地面上，从而造成完全不同的空间形象（图2.22、图2.23）。

2.3.8　建筑质量水平的两极化

由于微型建筑功能和服务对象的多样化，微型建筑和微型建筑空间的质量水平参差不齐，有的制作精良，有的水平一般，有的质量低劣。一般私人定制的微型建筑和微型建筑空间的质量水平都比较高，例如Tree hotel（图1.5）和私人小礼拜堂（图2.16）。其次是大批量生产的一些微型建筑的产品，其中商业和娱乐用途的微型建筑和微型建筑空间的质量要好一些，用于灾民和难民安置的微型建筑和微型建筑空间的质量很多都比较差。灾民或难民以及贫困地区自建的安置房的质量则有很多不确定因素，造成建筑空间质量的不稳定，有的质量尚可，例如塑料瓶沙土房和纸质临时棚屋，而有的则极其简陋，例如乍得难民营。

2.3.9　室内环境舒适性的欠缺

微型建筑空间室内环境的差异性很大，因为空间狭小，如不进行特殊处理，一般室内环境并不理想，存在夏季炎热气候条件下室内容易过热[①]，自然采光的眩光问题比较严重，二氧化碳浓度较高和污染物颗粒浓度较高等影响卫生健康的一系列问题。高质量的微型建筑室内环境，很多都采用人工系统来解决问题，特别是胶囊公寓和sleeping Box这类建筑，由于无法直接对外采光通风，基本都采用人工照明和空调系统等设备。

微型建筑空间由于空间狭小，顺应人体行为习惯和生理特征的微型建筑空间对人体行为形成障碍的可能性较小，甚至可能会提供优于普通建筑空间的舒适性，例如日本的整体式浴室和 Chori Chori等这类柔性建筑。但是，在设计中不考虑这些问题的微型建筑空间，会极大地影响使用者的舒适性，例如法国大辛特难民营建筑等，仅能满足最基本的安置问题，无从谈及环境和使用方面的品质。

总体而言，就研究方面来说，微型建筑室内空间环境的舒适性往往是设计过程中的矛盾焦点，而人对室内空间环境舒适性的评判来自于自身的多重感知。针对微型建筑空间，人的感知反应具有什么特点和规律，如何联系人体感知进行空间感知设计，以期达到一定的空间品质或实现某些特殊功能，都有待我们去深入挖掘。就微型建筑的发展而言，首先微型建筑与微型建筑空间因为成本低、建造速度快、能够迅速适应社会需求的变化，且现今社会中个人具有更高的独立意识，工作的流动性较大，对个人空间的需求强烈。因此无论是微型建筑空间本身的特点以及社会和人需求的变化，都为微型建筑及微型建筑空间提供了更好的机遇。其次，共享经济的发展也为微型建筑和微型建筑空间提供了崭新的商业平台，微型建筑乃至微型建筑空间可以作为普通的租赁商品被灵活使用，而无需个人承担过大的前期投入。这种快捷的商业运行方式，超出了传统的房屋租赁领域，虽然它们的租赁时间非常短，有时按小时计算，租金也相对较贵，但胜在品质高，手续简单且灵活性强，突出体现了微型建筑“小而精，小而全，小而秀”的优势。

① 陈星，刘义．基于人体感知的极小空间主观多维评价模型[J]．工业建筑，2019，49（10）：80-82.

第3章 微型建筑室内空间形态的生成

“物质”越少，“人性”越多。

——Philippe Starck

在现实生活中，人本身就构成了空间，人是所占据空间的缔造者和使用者，无论人体是处于静止状态还是运动状态，人体所出于本能而创造的空间与人体形态一样，都是非线性的。我们可以将这些空间一一进行捕捉，收集三维空间数据，构筑人体静态和动态行为的非线性空间模块，形成复杂的非线性建筑空间。这是一次人体与空间共建的过程，在这个过程中，人体占据了主导地位，我们可以带着好奇的眼光，来看看由人体和人体的肢体行为能够创造出什么样的空间形态以及由这些空间形态的模块组合出的建筑空间。

3.1 人体行为与空间形态

原始的穴居或巢居的建造在当时的人力和物力条件下是相当不易的，特别是穴居，除非是天然洞穴，都是靠人力一点点挖掘出来的，挖掘需要消耗大量的人力资源和工具，所以一般都不会太大，甚至低矮到不能支持人体的站立。这样的洞穴，人们是怎么给它塑形的呢？最简单的方法就是用自己的身体，一个人坐下、躺下、爬行、站立需要什么样的空间，可以用自己的身体去做模版，让洞穴在最小的状态，能够容纳人的不同行为，并且可以使用顺畅。这就是最早的人与空间的关系，非常贴近，非常紧密，有时也意味着隐蔽、安全和易于掌控。随着生产力的发展，大体量的建筑产生了，人与空间的关系发生了变化，变得越来越疏离和遥远。长久以来，我们依据约定俗成的规矩来塑造空间，一个个方盒子空间在城市中堆叠聚集，而传统建筑则印满“环境、材料与技术”的“刻痕”，对人体与人体行为并没有予以足够的重视，人体反而要服从空间的“仪式感”。随着绿色环保及永续发展等概念的深入人心，极简节约的生活理念的流行，微型建筑与微型建筑空间受到了越来越多的关注，建筑的发展似乎进入了一个轮回。但是，当建筑变得狭小，不再有足够的空间余量给人体以自由，身体本身与身体运动所形成的空间形态会与这些“约定俗成的”盒体类空间产生激烈的碰撞。因此，我们有必要返回原点，重新梳理人与空间的关系，从“人体”这一根源出发，探索人体自我的空间创造，从中挖掘人与空间的关系，生成精彩的微型建筑空间。

3.1.1 静态人体空间形态捕捉

人体本身既为艺术品，也是创造空间的主体。我们用一个简单的空间捕捉器就可以将人体的各个姿态进行捕捉。在这里，人体推动一根根形成网格阵列的纸管，每根纸管的坐标都可以在空间上测定，生成矢量化数据，再用Rhino软件生成人体静态行为空间。这些空间真实记载了人体本身对于空间的创造，有助于了解人体行为真正所需要的空间形态（图3.1）。这些空间有其共性，也有其差异性。拥有不同生理指征和不同行为习惯的人，都会对这些空间的形态造成影响。在一般情况下，这些非线性的静态空间对于普通建筑空间而言是可以忽略不计的，普通建筑空间也更加不可能考虑到个人空间的差异性，但是对于微型建筑空间而言，这却是相当重要的空间生成方式或空间生成依据，微型建筑空间使依据个人行为特点来营造建筑空间成为了可能，个人行为空间的差异性在这里得到了充分的关注。

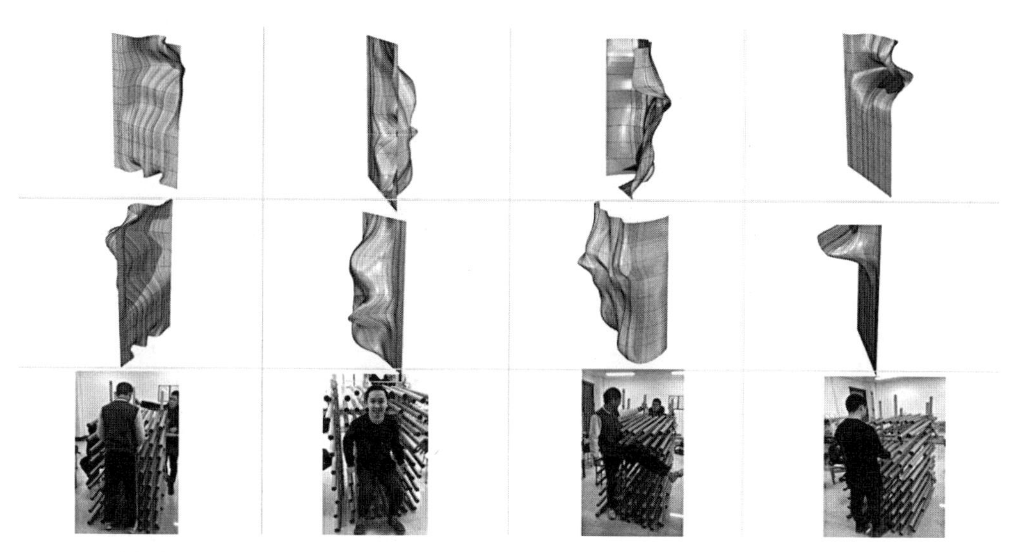

图3.1　人体静态姿态与空间捕捉器

3.1.2　动态人体空间形态捕捉

人在空间中随时处在静止和运动的状态中。因此，在微型建筑空间生成方面，不仅要关注人体静态空间的形态，也要关注人体的动态空间的形态。人体运动丰富多彩，在行走、举手、抬足、弯腰、捡拾与躺卧等多种运动行为中，身体划过的空间究竟是什么形状，这一切都可以通过测量或动捕设备来取得（图3.2）。

1. 人体线性空间模块生成

我们可以将人体日常动态行为分成两部分——简单类型和复杂类型。简单类型包括坐、蹲、弯腰、转身、行走、抬手、举手、抬脚、躺卧、捡拾等。而较为复杂连续的动作则包括转身就坐、走蹲、坐躺、开门、烹饪与沐浴等。在所有的动作中，依靠简单的连拍方法，将动作在平面上叠加，即将身体的各个部位（头、肩、肘、手、臀、膝、足）在X轴和Z轴（或Y轴和Z轴）上进行坐标标定，通过进行多次重复测试，求取平均值，记录肢体关键部位的空间运行坐标，并研究其运行轨迹，绘制包络图，从而形成人体日常动态行为X、Z（或Y、Z）向度的线性平面空间模块（图3.3 ~ 图3.6）。在数据收集工作中，可以选取不同生理指数和不同性别的志愿者来做测试，得到不同的针对个人个性化的人体线性空间模块。每一份线性空间模块都对应着具体的人体体征数据，例如图3.3 ~ 图3.6的人体体征各项参数为表3.1所示。因为微型建筑空间与人体极为贴近，对应着人体指征的空间模块才有可能根据使用者的人体指征来进行甄选，从而以此为依据，为微型建筑空间的生成提供空间尺度和形态的依据。同时，这也是微型建筑空间对于满足使用者个性化需求的一种技术上的支撑。

图3.2　人体动态姿态与空间捕捉

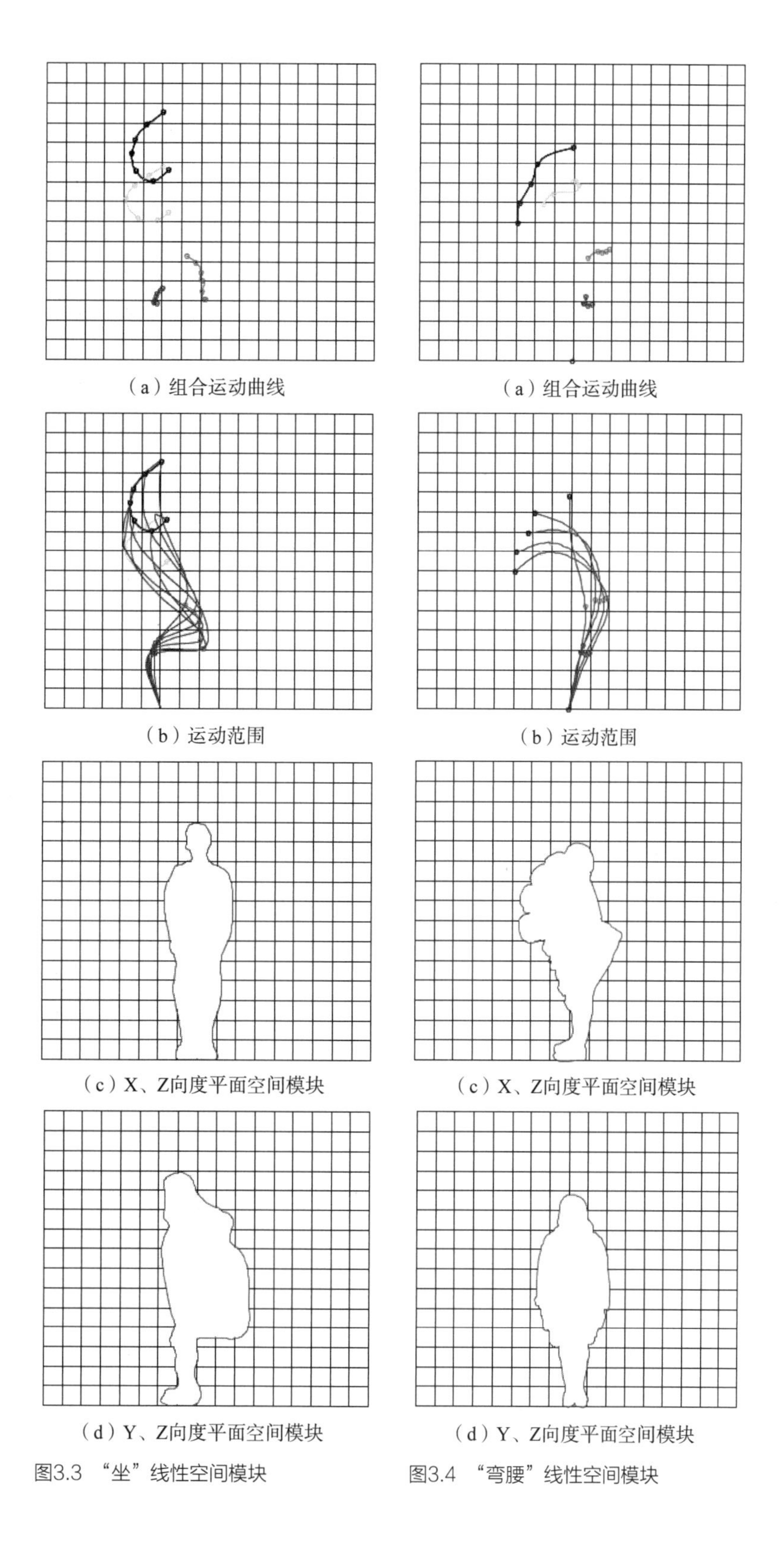

图3.3 “坐”线性空间模块

图3.4 “弯腰”线性空间模块

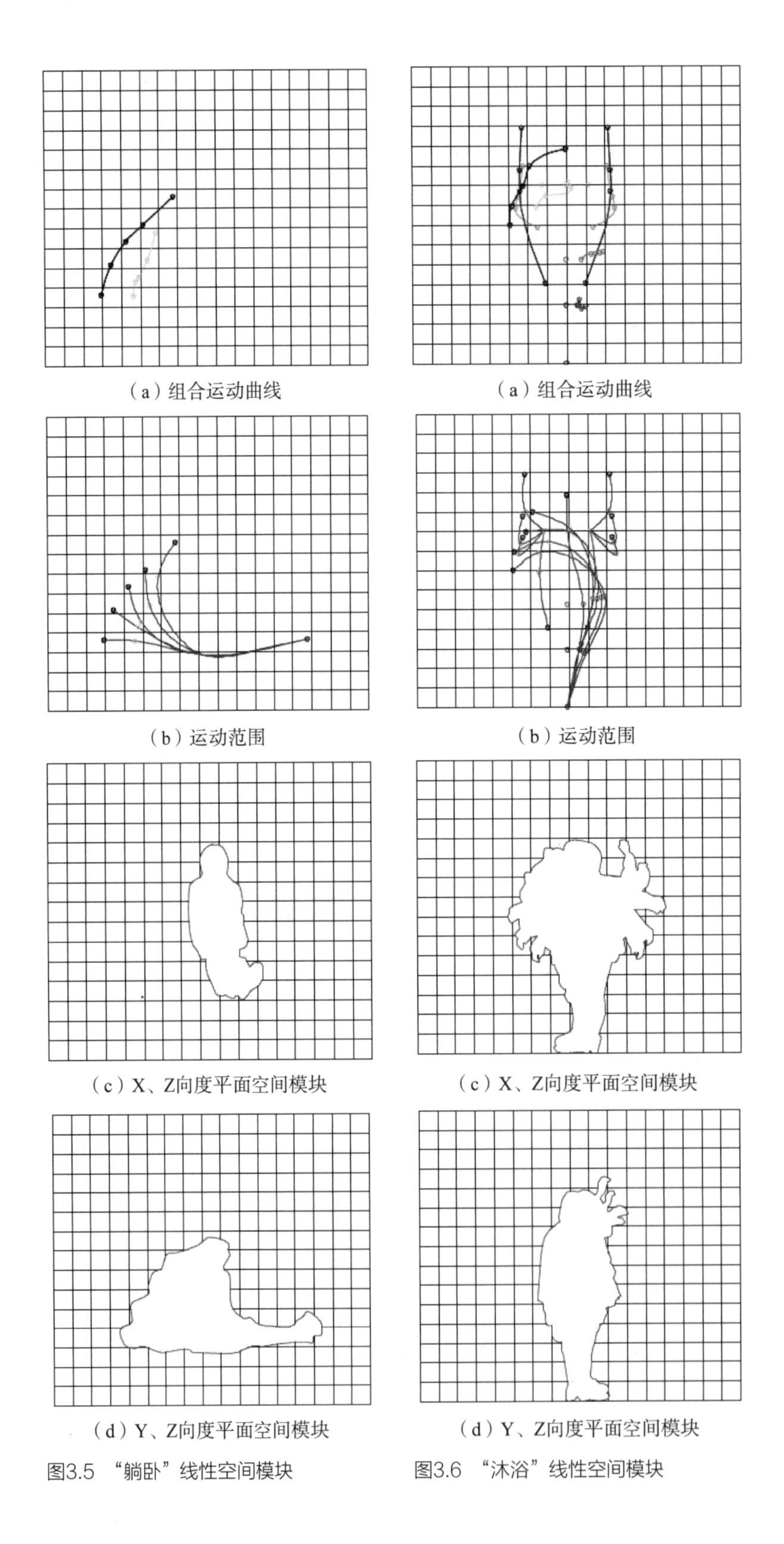

图3.5 “躺卧”线性空间模块

图3.6 “沐浴”线性空间模块

人体体征各项参数案例　表3.1

项目	指标	项目	指标	项目	指标
性别	女	膝高	180mm	肩宽	375mm
年龄	25岁	上臂长	322mm	胸围	320mm
身高	163cm	下臂长	228mm	大腿围	280mm
臂长	550mm	颈椎高	1360mm	膝围	210mm
背长	440mm	头围	222mm	小腿中围	170mm
……	……	……	……	……	……

2. 人体非线性空间模块生成

为了更加便捷及精确地收集人体各项运动空间的形态数据，可以将动捕设备运用到收集三维空间数据上，建构人体日常动态行为非线性空间模块。采用这种方式，可以测量和再现人体运动所生成的三维空间，真正了解人体所需要的空间尺度及形态，再来反思微型建筑空间的设计，了解人体所创造的空间和传统设计理念形成的微空间形态的差异性，从而进一步反思人体所需要的空间到底是什么。我们在数据收集工作中，同样选取了不同生理指数和不同性别的志愿者来做测试，得到不同的针对个人的个性化人体非线性空间模块。在用动捕设备收集人体行为空间时，传感器可以安放在人体的各个关键部位，头部、颈部、肩部、肘部、腕部、胸部、背部、腰胯部、大腿、膝部、小腿、足踝部等，人体运动轨迹更加明晰，空间更加细腻和精确（图3.7、图3.8）。

图3.7　举臂与抬脚所形成的空间

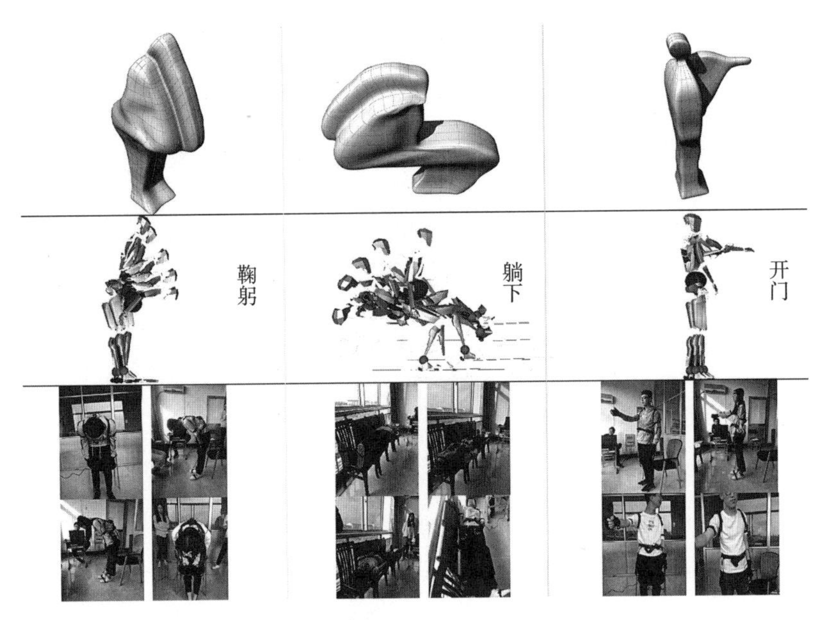

图3.8　弯腰、躺卧与开门所形成的空间

坐	蹲	弯腰	转身·脚不动	转身·脚动
走	抬手	举手	抬脚·横向	抬脚·纵向
躺	捡拾	转身就坐	走蹲	坐躺
开门	开窗·平开	开窗·推拉	操作	淋浴

图3.9　人体非线性空间模块

人体日常动态行为非线性空间模块（图3.9），可以作为更为精确的微型建筑空间非线性空间形态设计的依据。这一方法会使微型建筑采用非线性空间形态设计变得不那么复杂，使微型建筑空间在压缩空间的前提下，能够提供更贴近使用者体态指征和行为习惯的无障碍空间。但是，这种较为原始的朴素的由人体行为自然生成的单一行为空间并不能直接应用到微型建筑空间设计中去，还要依据空间的功能属性和复杂程度进行进一步的处理，处理方式包括叠加、部分叠加、连接以及不同方式的拼合，为下一步的微型建筑空间模块的生成做基础。

3.2 线性与非线性建筑空间组合模块

将人体日常动态行为进行空间建模，生成各种所需的线性与非线性建筑空间组合模块，这一过程是一个较为复杂的构建过程。在这个过程里，需要把人体日常动态行为空间模块，即人体创造的自然空间进行转译，将与建筑空间无关的“自然空间”演变形成具有建筑属性的人工空间，这是一个从“自然”到“人工”的转化过程。纯自然的空间所呈现的面貌是复杂的，有时也是非常难以描述的，所以我们需要进行空间转译，把它们变得具有建筑空间的人工属性。可以说从某种程度而言这也是一种简化，但是这种简化对于普通建筑空间的设计也是深入一步了，这是一种将建筑空间直接与人体链接的人性化设计方法。

这种简化的过程分为两个或多个步骤，首先是对于功能区所需要的人体日常动态行为线性或非线性空间模块进行处理，这种处理后的空间仍然是“自然空间”。人体日常动态行为空间模块的处理，可以依据微型建筑空间的功能分区，将相关的人体日常动态行为尽可能在较小的空间内叠合，部分叠加、连接以及不同方式的拼合（图3.10）。在实际操作中应考虑使用者的人数和使用的时序，例如有多人使用，但都是在不同时段单独使用空间，这种情况就只需主要考虑1个人的人体空间模块的处理，间或组合一些与特殊体态、特殊行为习惯或特殊功能相关的空间模块。但如果是在同一时段共同使用，则需要根据人数、人体行为的复杂性与个性，考虑采用哪些处理方式，基本原则是根据需要，采用空间余量较大、最宽泛的空间模块。在处理过后，接着需要进行的就是下一步的提炼工作。在这些处理整合好的空间外缘做包络线，提炼出具有明显特征的几何形体。因为微型建筑空间狭小，普通建筑空间的先做房子、再填充家具的做法已经不太适用于微型建筑空间了。微型建筑空间设计与家具、设备都紧密相关，在空间设计中已经不太可能将这两个部分分离开来。因此，微型建筑空间的设计应以线性或非线性空间模块为基础，再根据与一些需要重点强调的日常行为和与功能相关的家具、设备以及它们所需要的空间的特点，将这些因素与处理好的人体日常动态行为线性或非线性空间模块

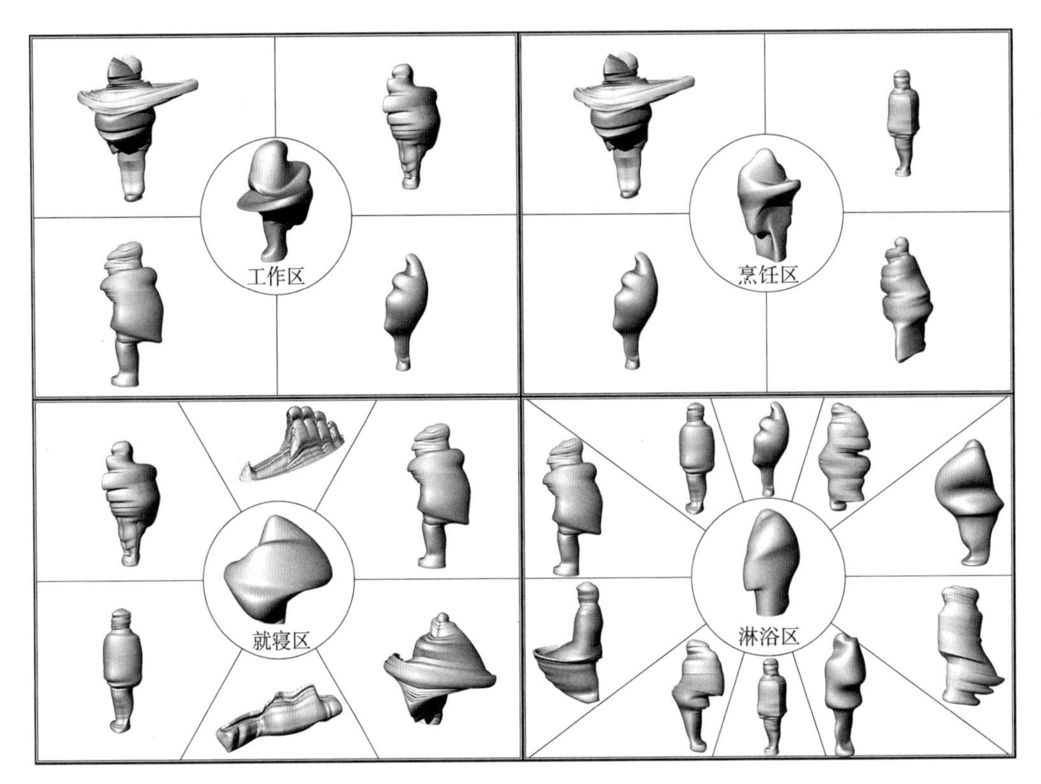

图3.10 非线性空间模块的空间叠合

结合起来，整合成线性或非线性的建筑空间模块。这些形成的建筑空间模块可依据人体日常动态行为模块的线性或非线性特性，而具有相应的线性或非线性空间的特点，从而为微型建筑空间的生成提供了一种灵活便捷的方法。

3.2.1 线性建筑空间组合模块

依据人体线性空间模块，进行线性建筑空间模块的建构。人体线性空间模块一般是以一种主要的行为作为空间模块形态的支撑，可以根据需要进行空间叠合、部分叠加、连接以及不同方式的拼合，间或考虑空间的方向性，例如沐浴空间偏于向心式，洗浴行为在人体的左右及前后都有运动幅度，睡眠一般是双向空间，人体可能左侧卧，也可能右侧卧，而烹饪空间和学习（工作、上机、就餐、阅读等）一般情况是单向的（图3.11）。在人体线性空间模块的处理过程中需要考虑人体日常动态行为的复杂性。例如，根据不同的行为习惯，躺卧这个动作可能包括坐卧、屈膝、伸臂等各种动作；烹饪操作可以有弯腰、伸臂、踢小腿等动作；学习（工作、上机、就餐、阅读等）可以有伸臂、踢小腿等动作。沐浴则包括蹲立、侧向伸臂、正向伸臂、转身、下蹲等动作。

因此，可以依据大多数人体的习惯性动作或个人特殊的行为习惯来添加或删减所需要处理的人体线性空间模块以及空间模块的方向性。例如对于图3.11中的躺卧空间，在Y、Z向度内，考虑人躺卧坐起时头部、膝盖和脚部运动抬升所需要的空间。X、Z向度内，考虑到人体臂膀在躺卧时由两侧从低到高向上挥动的空间。在X、Y向度内，考虑到人体两个方向侧卧时手臂和腿部所伸展的空间。对于烹饪操作空间，在Y、Z向度，在考虑到人的手臂向上伸展、腿脚在站立时向前伸展的空间，这个空间可以使人体的腹部紧贴橱柜时无需弯腰。在X、Z向度，考虑人体手臂从两侧朝上伸展所需要的空间。在X、Y向度，考虑人体手臂朝各个方向水平伸展所需要的空间。对于学习（工作、上机、就餐、阅读等）空间，在Y、Z向度，在考虑到人的手臂向上伸展、小腿向前伸展的空间，这个空间可以使人体的胸部紧贴桌沿时，大腿、小腿都有可放置的空间。在X、Z向度，考虑人体手臂从两侧朝上伸展所需要的空间。在X、Y向度，考虑人体手臂朝一个方向水平伸展所需要的空间。对于沐浴空间，在Y、Z，X、Z和X、Y三个向度内，考虑到手臂朝各个方向抬起伸展所需要的空间，并自上而下，用统一尺度涵盖了抬腿、弯腰及下蹲等一系列洗浴时肢体运动所需要的空间。

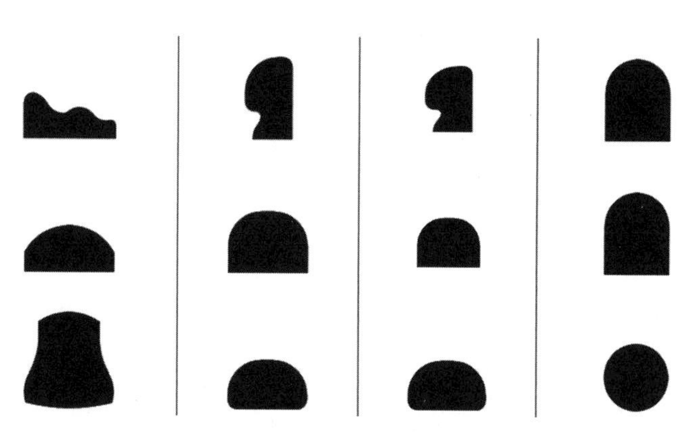

图3.11 躺卧、烹饪操作、学习（就餐、阅读等）、沐浴（从左到右）的Y、Z，X、Z，X、Y（从上到下）向度线性建筑空间模块

3.2.2 非线性建筑空间组合模块

依据人体非线性空间模块，进行非线性建筑空间模块的建构。人体非线性建筑空间模块一般也是以一种主要的行为作为空间模块形态的支撑，可以根据需要进行空间叠合、部分叠加、连接以及不同方式的拼合，间或考虑空间的方向性。在叠合的过程中则更需要考虑人体日常动态行为的复杂性和使用者的行为个性以及家具、设备等相关因素，空间处理更为细腻。非线性建筑空间模块表述起来相当复杂，我们可以利用空间表面外沿来表述，这样可以让人更容易理解人体日常行为所形成的非线性空间。

线性建筑空间模块与人体的各项生理指标直接相关，例如身高、臂长、腿长等，而非线性建筑空间模块则更能体现出人体行为的个性。例如有的人喜欢从床的中部上床，有的人喜欢胸部靠着桌沿，有的人喜欢经常站在桌边，有的人在烹饪的时候，喜欢把腿和脚往料理台下伸以便于挺直腰身，有的人洗澡喜欢伸臂或下蹲等。人体的活动本身就可以形成非线性空间，我们把这些“自然空间”进行萃取，就会发现它们所呈现出的惊人的美感。从某些方面来说，精心设计的微型建筑空间本身就可以成为一件艺术品。

非线性建筑空间组合模块方案1，包含了学习（工作、上机、就餐、阅读等）、烹饪、沐浴（如厕）和就寝四项最基本的居住功能。其中，学习区考虑了胸部倚桌、伸腿、伸臂等使用者富有个性的习惯性行为所需要的空间；烹饪区考虑在吊柜区域所覆盖的头部运动轨迹可能会触及到的区域以及使用者大腿、膝盖、小腿、脚部的行动区间，可以使使用者在进行烹饪的过程中，腹部贴在橱柜侧沿上节省体力，同时也无需弯腰；沐浴区考虑到该模块两个方向都紧贴墙面，采用了减少向度的设计策略，采用90° 空间并适当拉长，满足如厕所需要的空间。该空间也充分考虑了使用者洗上半身时伸展臂膀及下蹲和抬膝盖所需要的空间，整个空间上大下小，人体在做这些连续的动作时基本无障碍。就寝区依据使用者喜欢在床的中部上床，因此在床的中部考虑了腿部倚靠及摆动的空间，在床上部的吊顶区域考虑了人体头部运动所需要的高度空间。在床的尾部考虑到人体的腿部和臀部所需要的空间，使用者可以在这里就坐，腿部可以自由地向外侧和内侧摆动。

整个非线性建筑空间模块在X、Y、Z三个向度上穿插组合，各种与居住相关的人体行为空间之间高度耦合，充分体现了人体非线性空间在构成微型建筑空间中的积极作用。在这里，建筑设计与家具设计不再分隔开来，而是在设计中将它们定义为同一性质的事物。此外，家具的形态设计也不再是传统的风格主义，而更多的是考虑它们随同人体行为空间的立体耦合关系，以及是否与人体行为习惯、行为顺序等相协调等问题，并最终生成了非线性建筑空间模块（图3.12）。

非线性建筑空间模块往往会呈现出一种与传统建筑空间、传统家具完全不同的形态特征，因而产生了一种另类的美感。非线性建筑空间组合模块方案1的空间由4个不同功能分区里的家具设施勾勒出来。书桌将人体就坐时的不同肢体部位所需要的空间融入进去，形成上凸下凹，就坐的一面中间凹陷的有机生成的空间形态。沐浴空间结合人体沐浴行为，形成上大下小的蘑菇状有机空间形态。烹饪区的橱柜，将人体站立时不同肢体部位所需要的空间融入进去，形成站立一面三道弯折的有机空间形态。且橱柜上方的吊柜底面也考虑了头部运动的空间，呈现从橱柜外沿到橱柜内侧由高走低的弧面空间形态。床体将人体就坐、躺卧时不同肢体部位所需要的空间融入进去，形成复杂的有机空间形态。该有机空间形态大致分为四部分：床体中部容纳就坐上床时臀部、腿部部位所

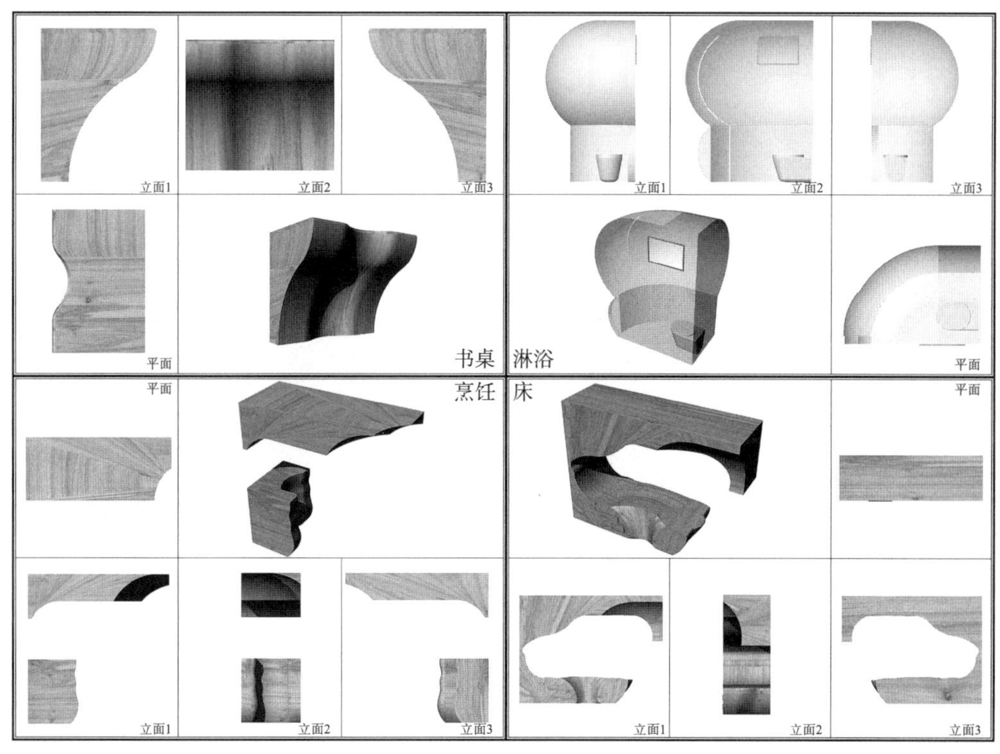

图3.12　非线性建筑空间模块方案1

需要的空间，侧沿向内凹陷；床端部外侧容纳就坐时臀部、腿部部位所需要的空间，中间突出，两侧向下凹陷；床面容纳躺卧时头、颈、肩、背、臀、腿、脚部等部位所需要的空间，呈中间鼓起，且带有数道弯折的曲面；床端部内侧及上方吊顶底面需要容纳依靠时头、颈、肩部等不同肢体部位所需要的空间，呈现床体端部几道弯曲，并逐渐向上的有机空间形态。

非线性建筑空间组合模块方案2也包含了学习（工作、上机、就餐、阅读等）、烹饪、沐浴（如厕）和就寝四项最基本的居住功能。其中，学习区（工作、上机、就餐、阅读等）考虑到空间使用者在就餐时喜欢腿向两侧伸展，一手端碗一手握筷的特殊就餐习惯，两端狭小的就餐台面和向两侧凹陷的台壁充分满足了使用者挥动手肘、臂膀和伸腿的空间，较宽的桌面满足了使用者阅读、书写、绘制草图和上机的需要。桌子两侧的三个凹形和两端的突起，便于使用者可以在不同方向进入行动状态，符合使用者喜欢在不同工作区域之间来回滑移，自由随意的生活个性。此外，周围不同程度凹陷的台壁，都可满足使用者依靠、伸腿的需要。烹饪区考虑到使用者不太做饭，喜欢吃外卖和速食的习惯，基本只用于清洗和置物使用，台面做成三角形，尽可能节省空间。在台面的侧壁也做了凹陷的处理，留有放置腿部的空间，便于使用者的腹部依靠台面侧沿以节省体

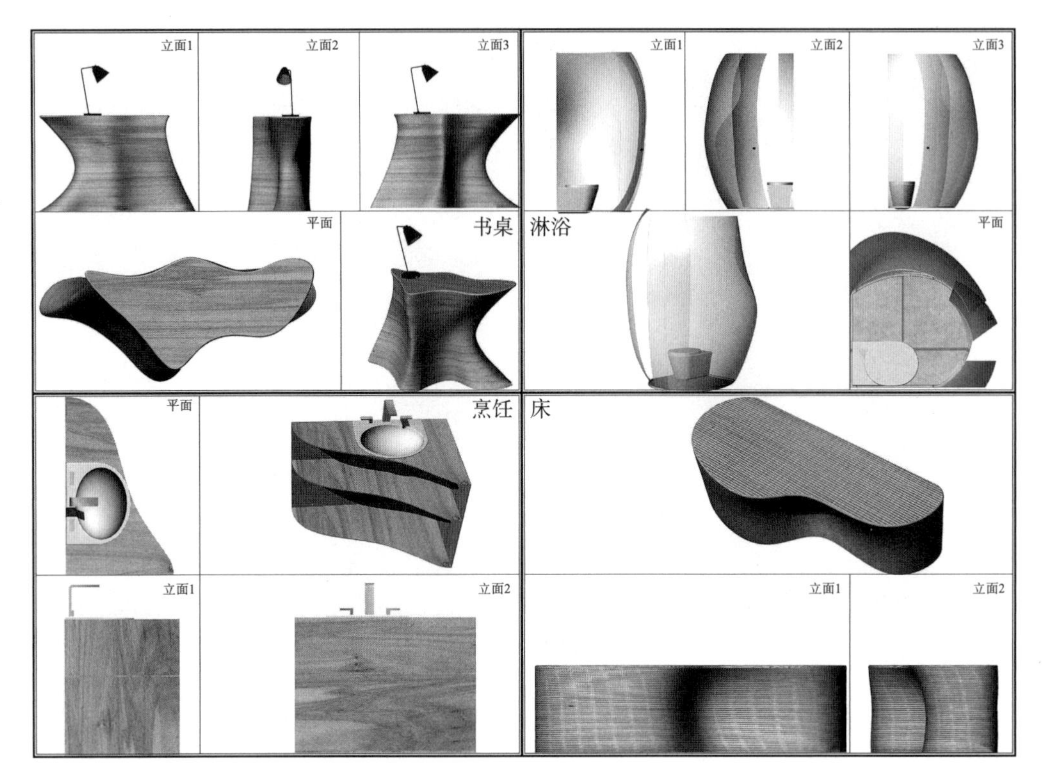

图3.13 非线性建筑空间模块方案2

力。沐浴区考虑到使用者喜欢往喷头方向抬腿的沐浴姿势，这个沐浴空间依据人体非线性空间模块，形成了这样一个一端凸起的不太规则的曲面形体，满足使用者沐浴、如厕所需要的个性空间。就寝区域空间依据使用者喜欢在床的中下部上床，因此在床的中下部考虑了腿部倚靠及摆动的空间，使用者喜欢身体左侧躺卧，因此就寝空间为单向空间，使用者喜欢在侧卧时将手臂和腿部侧向伸展，所以就寝空间（床体）在两端都留有手臂和腿部单向摆动的空间。此外，使用者活泼好动，在床体的侧壁都有不同程度的凹陷，便于使用者在床侧滑移，可以基本满足腿部摆动的随意性（图3.13）。

非线性建筑空间组合模块方案2的空间由4个不同功能分区里的家具设施勾勒出来。书桌狭长，一端宽、一端窄，侧壁向内侧凹陷，侧沿呈现三个弯段和三个凸起，形成复杂优美的有机空间形态。沐浴空间较为狭小，是一侧中间鼓起的卵形有机体。烹饪台形成三角状斜边中间弯曲的形体。床体一头宽、一头窄，分别为单侧弧形曲面，且床体侧壁均向内凹陷，形成复杂的有机空间形体。

非线性建筑空间组合模块方案3的学习区（工作、上机、就餐、阅读等）与非线性建筑空间组合模块方案2类似，其烹饪区与非线性建筑空间组合模块方案1类似，只是根

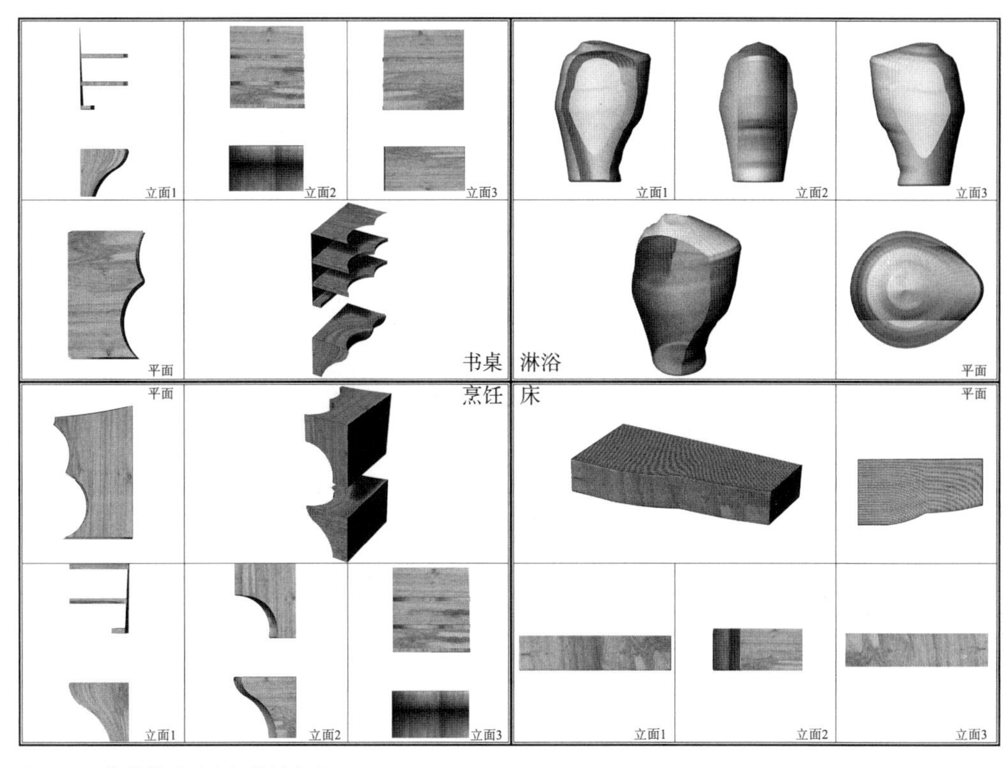

图3.14　非线性建筑空间模块方案3

据使用的生活习惯，案台加长，并在外沿做了两个水平弯曲，以满足使用者将案台分区使用的生活习惯。烹饪区在台面的侧壁同样也做了凹陷的处理，留有放置腿部的空间，便于使用者的腹部依靠台面侧沿，节省体力。学习区也考虑了胸部倚桌、伸腿、伸臂等使用者富有个性的习惯性行为所需要的空间。这两个区域都考虑了台面上部的收纳空间，而这些收纳空间都考虑到了头部及手臂伸展运动所需要的空间。沐浴区（如厕）空间是一个满足使用者沐浴个性行为需要的特异的非线性曲面形体。使用者在沐浴时，习惯于站立、弯腰和抬腿，因此在这个方案中，非线性建筑空间模块考虑了两侧中部和沐浴者面前上部空间的凸起。非线性建筑空间组合模块方案3的就寝区与非线性建筑空间组合模块方案2类似，但因为使用者的生理指征和行为幅度不同，床体曲线也有较大的不同（图3.14）。

非线性建筑空间组合模块方案3的空间也由4个不同功能分区里的家具设施勾勒出来。其中，书桌、烹饪案台的功能复杂性较高，形态在大的空间结构上更复杂。沐浴空间与人体非线性行为十分贴近，形成复杂的有机空间形体。床体空间与前两个方案相比更为简单，但形体趋于平面化，丰富性不如方案1和方案2。

总体而言，非线性建筑空间模块比线性空间模块更加细腻，同时因为个人行为习惯和使用需求的不同，空间形体的差异性较为明显。这些建筑空间模块可以根据微型建筑空间的尺度、个人行为习惯和人体生理及体态指征来选择相应的类型，并再根据一些细节问题进行调整。例如加长或加宽部分模块的局部尺度，转换某些模块的位置、方向与组合关系，增减某些模块的数量等，以使其更加适应使用者对于空间的个性化需求。

3.3 微型建筑空间单元

在普通建筑空间的设计中，根据不同的建筑功能，设计规范设置了很多限制性规定来确保人体行为与空间体量之间存在有一些空间余量。所以，普通建筑空间提供的是一种宽泛的空间环境，跟家具所提供的与人体贴近的空间细腻感是有着明显的不同的。但是，也不能将微型建筑空间设计等同于家具设计，因为家具设计是人体局部的一种静态的孤立的空间需要，而微型建筑空间提供的是一种动态的、全方位的空间需要。因此，可以说微型建筑空间涵盖了静态家具的设计思路，但是反之则并不那么合适。人体日常动态行为空间线性与非线性模块是生成微型建筑空间模块的前提，它本身就包含了一部分动态空间，可以说它本身即是动态的。

功能分区有助于将不同类型的人体日常动态行为分离在几个区域里。但是实际上，微型建筑空间设计常常会有分区空间的交集，这时的空间设计则需要考虑不同毗邻建筑空间模块的耦合，而这种耦合有时非常富于挑战性。交通空间是最容易耦合的空间模块，而就寝、烹饪、沐浴、就坐伏案等必不可少的建筑空间模块，则要根据微型建筑空间本身的尺度和形态来进行耦合，并根据使用者的习惯、个性及所需要的家具及设备等来决定空间向度的调整以及模块的变形与增减。

3.3.1 线性微型建筑空间单元

研究如何在微型建筑空间中进行线性建筑空间模块的组织与整合，我们可以选择一个比较狭小且难度较高的单元空间去尝试，即在一个4m^2，尺寸为2m（宽）×2m（长）×2.2m（高）的空间进行线性建筑空间模块的耦合，利用前面所研究的线性建筑空间模块，生成线性微型建筑空间单元（图3.15）。这个空间比起勒·柯布西耶（Le Corbusier）的海峡小木屋（Un Cabanon a Cap Mardin）的尺寸（宽3.66m×长3.66m×高2.26m）要小很多。在这个4m^{2}的空间中，就寝、烹饪、学习（工作、上机、就餐、阅读等）、交通和沐浴等线性建筑空间模块毗邻穿插在一起，将交通模块设于核心位

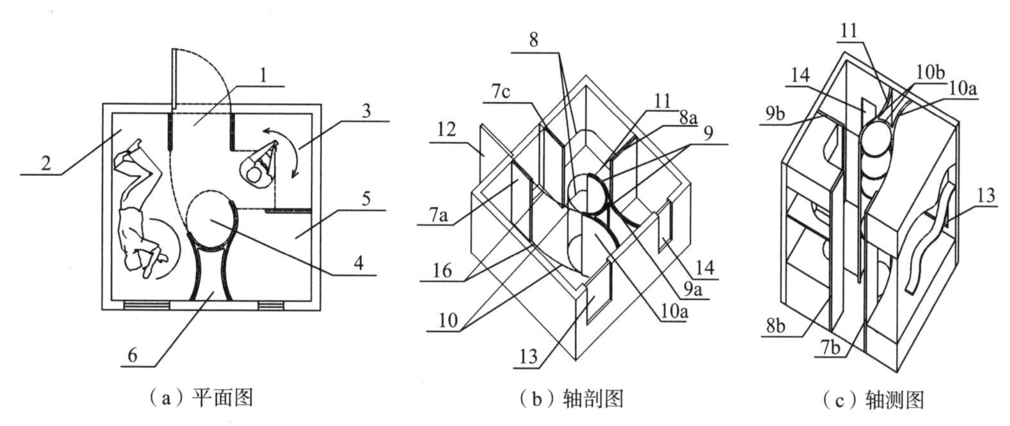

图3.15 4m²线性微型建筑空间单元

1交通区；2就寝区；3烹饪区；4伏案区；5盥洗沐浴区；6储藏区；7a第一隔墙，7b就寝区开放边界，7c第二隔墙；8烹饪区边界，8a第三隔墙，8b烹饪区开放边界；9盥洗区边界，9a第四隔墙，9b盥洗区开放边界；10工作区边界，10a第五隔墙，10b工作区开放边界；11第六隔墙；12外门；13第一外窗；14第二外窗。

置，极大地压缩了空间。其中，就寝建筑空间模块为单向，使用者习惯右侧侧卧。沐浴建筑空间模块与进入沐浴建筑空间模块的交通建筑空间模块形成组合，一边为模块本来的圆弧形，另外三边结合4m²空间的两个相互垂直的墙体和烹饪空间分隔墙体，形成直角矩形空间。学习（工作、上机、就餐、阅读等）建筑空间模块与就寝建筑空间模块和沐浴建筑空间模块进行部分叠合，就寝空间有部分兼作就坐空间，卵形的学习建筑空间模块占据了部分沐浴建筑模块的空间，造就了两者之间的曲面分隔。就寝建筑空间模块与沐浴建筑空间模块之间用不到的靠墙区域形成储藏区域，储藏区域由就寝建筑空间模块、学习建筑空间模块与沐浴建筑空间模块的空间形态构形。交通建筑空间模块在大门区域连接了烹饪建筑空间模块和就寝建筑空间模块，并经过烹饪建筑空间模块联系了沐浴建筑空间模块。在这个方案里，由于线性建筑空间模块富于技巧的应用，以空间舒适为前提，灵活地结合4m²的正方形建筑空间形态，在满足基本功能的前提条件下极大地压缩了室内空间的面积。

就详细的问题而言，就寝区位于外门的一端较窄，而位于微型居室内的另一端则较宽，以适合人在床上时上肢运动范围较大、下肢运动范围较小的特点，显著地压缩了就寝区的闲余空间，有效地采用了躺卧的线性建筑空间模块；就寝区的隔墙和就寝区开放边界均为连续的曲线形，以使居住者在该区进出、坐卧、侧躺等动作过程中均保持顺畅、肢体边缘无碰撞；烹饪区的深度可保证手臂能够在烹饪区中任意伸展，使人员在该区进出和烹饪的动作过程里均保持顺畅、肢体边缘无碰撞，有效地利用了烹饪操作的线性建筑空间模块；学习（工作、上机、就餐、阅读等）区为卵形空间结构，深度可保证手臂的伸展，且可使居住者行走和进入使用时顺畅无障碍，有效地利用了学习的线性建筑空间模块；且在形态上，学习区与就寝区相贴合，可以实现两区的亲密互动；沐浴区既涵盖了沐浴的线性建筑空间模块，也与微型建筑空间本身的正方形形态拟合。储藏区位于学习（工作、上机、就餐、阅读等）区的后部，以就寝区、学习区和沐浴区相邻的曲线形隔墙构成，利用不能被利用的闲余空间，同时为这三区服务。

这个4m^{2}的微型建筑空间满足了使用主体日常生活最基本的功能空间的需要，虽然借助了工业化正立方体的建筑外壳，但本质上是以人体行为为设计核心的，以尽可能满足人体行为的空间舒适性为目标。这一设计思想与蛋形住宅将人体物化（人体躺在搁架内与搁架内的书籍和衣物待遇相同）的设计理念是截然不同的，也与现今的一些微型建筑空间设计将普通空间进行直接压缩或采用折叠家具的方法完全不同。前者进行强行压缩，将普通建筑的空间余量去掉，势必会造成人体行为与狭小空间的矛盾，后者会对使用者造成工作负担，因为使用后一种功能前，必须将前一种功能所需要的空间整理好，使空间在使用上形成重复性耗费问题，从而造成实际使用上的不便或导致局部功能被舍弃等问题。同一线性建筑空间模块同样可以根据微型建筑空间的尺度、形态以及使用者的数量、体态特征和行为习惯的要求进行不同的变形或局部变化，形成各种丰富多彩的同类型线性微型建筑空间单元。此外，线性建筑空间模块虽然在内部空间变化上不如非线性建筑空间模块丰富，在立体空间组合上更多地体现在X、Y平面方向上，但是线性建筑空间容易在整体上被识别，人体在行动中容易判别空间的尺度与方向，在空间导向性和身体熟悉度培养方面占据一定的优势。

3.3.2 非线性微型建筑空间单元

研究如何在微型建筑空间中进行非线性建筑空间模块的组织与整合，我们可以选择一个比较狭小且难度较高的单元空间去尝试，即在一个6m^2，尺寸为2m（宽）×3m（长）×2.2m（高）的空间中进行非线性建筑空间模块的耦合，生成非线性微型建筑空间单元（图3.16）。非线性微型建筑空间单元方案1包含了非线性建筑空间模块方案1中的学习（工作、上机、就餐、阅读等）、烹饪、沐浴（如厕）和就寝这四项最基本的空间模块。在长方形的空间中，沿着长方形长边内侧顺长放置就寝非线性建筑空间模块，床头部位紧贴长方形短边，在床头相邻侧边位置放置烹饪非线性建筑空间模块，另一侧床尾部位与长方形短边之间的位置放置学习（就餐、阅读等）非线性建筑空间模块。紧邻学习（就餐、阅读等）非线性建筑空间模块和床尾的侧上方与外侧的长方形长边之间为沐浴（如厕）非线性建筑空间模块。烹饪、沐浴（如厕）和就寝三个模块围绕出的空

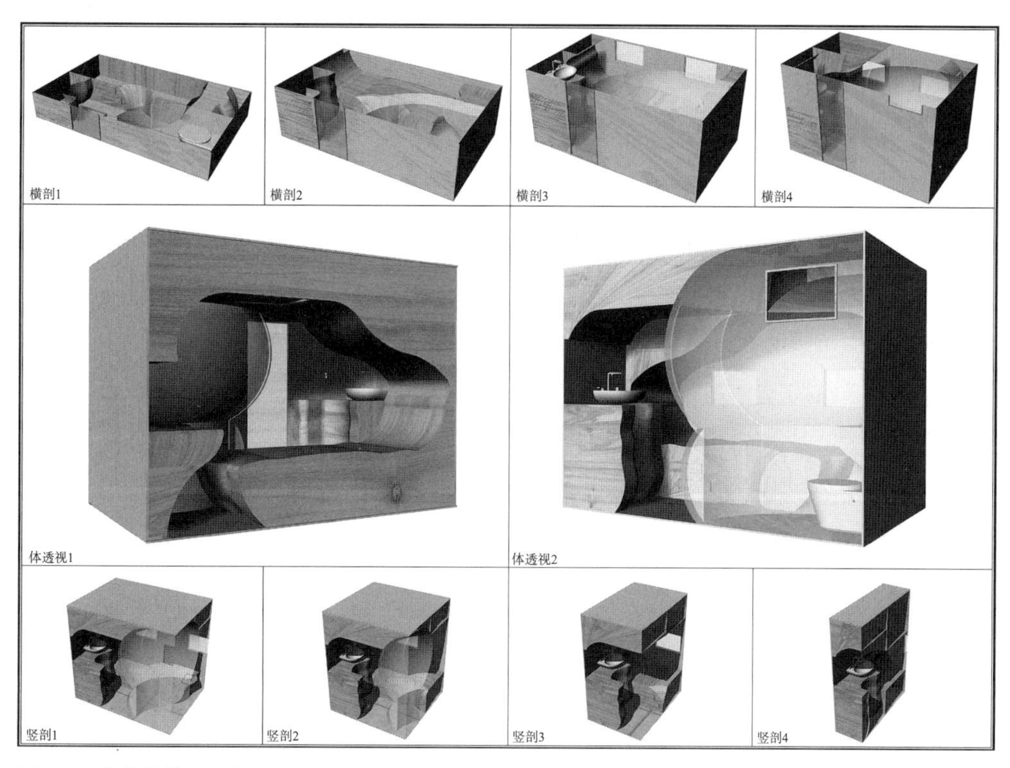

图3.16 非线性微型居室空间单元方案1

白区域为交通区域，单元空间的门在外侧长方形长边上设置，位于烹饪、沐浴（如厕）非线性建筑空间模块之间。交通区域涵盖人体站立的梨形行为空间①。在微型居室空间单元方案1中，气泡状的沐浴（如厕）非线性建筑空间模块膨胀的冠状蘑菇头部分压在了就寝非线性建筑空间模块的尾部，利用了就寝非线性建筑空间模块尾部高度底所造成的空间余量。学习（工作、上机、就餐、阅读等）非线性建筑空间模块与就寝非线性建筑空间模块尾部相叠合，将就坐空间与就寝空间相叠合。整个6m^{2}矩形微型建筑空间除了沐浴空间外，在其余非线性建筑空间模块的上方，都为吊顶及书柜和橱柜的置物搁架，因此这些设施的底部也为非线性建筑空间模块的轮廓。在这个方案中，基本非线性建筑空间模块在立体空间中相互叠合，同时也兼顾了一定的形态美学方面的考虑，整个建筑空间层次丰富，亲切优美，将建筑空间与人体行为空间紧密结合，是一个对微型建筑非线性空间的积极尝试。

非线性微型建筑空间单元方案2是一个5m^{2}的空间，尺寸为2.5m（长）×2m（宽）×

① Bezaleel S. Benjamin, Space Structures for Low-stress Environments [J]. International Journal of Space Structures, 2005: 127-133.

2.2m（高），包含了非线性建筑空间模块方案2中的学习（工作、上机、就餐、阅读等）、烹饪、沐浴（如厕）和就寝四项最基本的空间模块（图3.17）。这个方案依据使用者的个性和生活需要，将就寝非线性建筑空间模块、烹饪非线性建筑空间模块和沐浴（如厕）非线性建筑空间模块分别放置在矩形平面空间的一个长边和相对的长边端部两侧，三个模块之间，除了在烹饪非线性建筑空间模块和沐浴（如厕）非线性建筑空间模块之间靠墙体的部位设置了单元空间的门以外，其余的边缘空间都用置物空间和床头兼具依靠功能的置物空间填充。将学习（工作、上机、就餐、阅读等）非线性建筑空间模块放置于矩形平面空间的核心区域，一侧与沐浴（如厕）非线性建筑空间模块贴合连接，另一侧与就寝非线性建筑空间模块相邻，并留出交通空间，且在空间形态上相拟合。就寝非线性建筑空间模块在端部位置和沐浴（如厕）非线性建筑空间模块之间有些许叠合的区域，就寝非线性建筑空间模块沿着外侧长边与学习（就餐、阅读等）非线性建筑空间模块部分相叠合，使使用者喜欢在桌边和床侧滑移的行为习惯通过两个空间交叠形成的就坐空间一次性解决。此外，床体顶部的吊柜底部空间，也考虑到了使用者站在床中间伸臂的空间行为需求。非线性微型建筑空间单元方案2

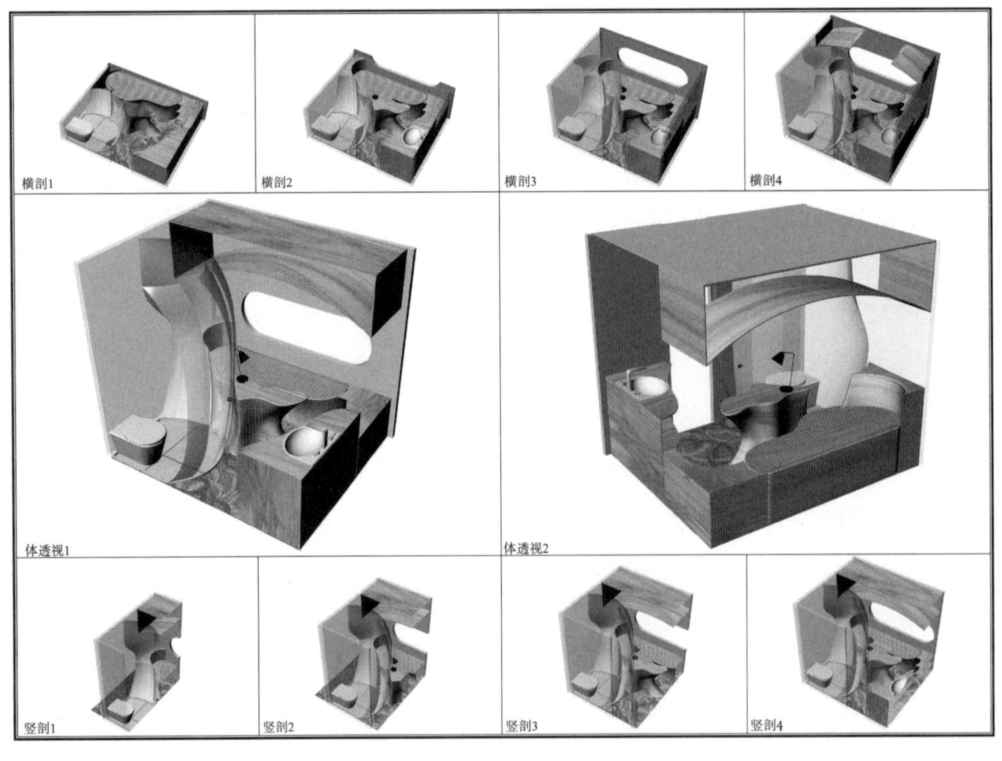

图3.17　非线性微型居室空间单元方案2

以学习（就餐、阅读等）非线性建筑空间模块为空间的核心，其他建筑空间模块均围绕着这一模块进行空间布置，充分考虑了使用者的个性需求。一般来说，使用者对于不同功能的建筑空间的重视程度应该有所区别，但由于我们对于空间功能等的设计很少有追求个性的机会，造成户型上虽然有所区别，但主要是跟随购买方的经济能力而设计的一些以面积区分为主的户型。微型建筑给予了一个相对自由的平台，不同的使用者可以拥有结构迥异的居室空间。

非线性微型建筑空间单元方案3是一个3m^{2}的空间，尺寸为2.0m（长）×1.5m（宽）×2.2m（高），包含了非线性建筑空间模块方案1、2中的学习（工作、上机、就餐、阅读等）、烹饪、沐浴（如厕）和就寝四项最基本的空间模块（图3.18）。这个方案非常虽然非常狭小，但是依据使用者的个性和生活需要，反而有效地解决了微型建筑空间中由于面积匮乏，缺乏交通空间的问题。这个空间的使用者十分讲究个人卫生，基本一回家就要洗澡，然后在床上休息和娱乐一会，看看手机或听听歌之类。再之后，可能会使用学习（工作、上机、就餐、阅读等）和烹饪区域的功能。因此，他提出这样一个建议，能否把沐浴（如厕）区兼作交通空间，进入门，立刻进入沐浴区，然后出了沐浴区直接上

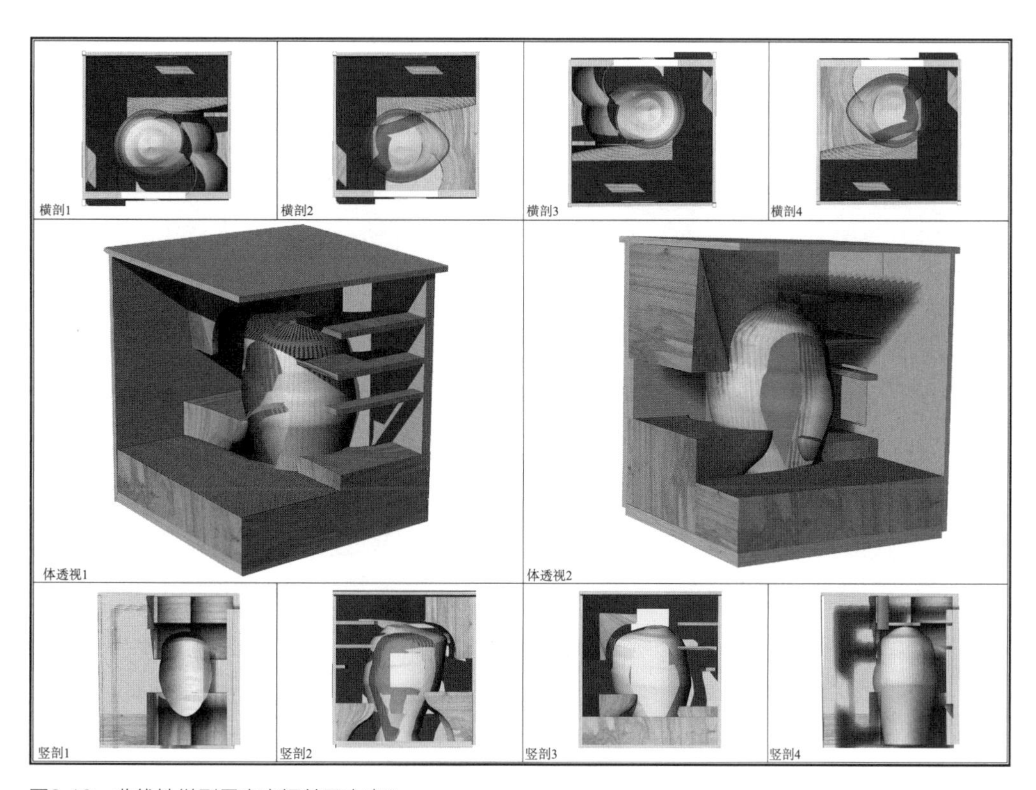

图3.18 非线性微型居室空间单元方案3

床休息，沐浴区附带有烘干功能，可以非常顺畅地满足使用者回家的这三个步骤。因为沐浴区基本只用一次，所以在不用沐浴的时候可以直接作为就寝区连接工作区和烹饪区的联系通道。因此，在这个方案里，沐浴非线性建筑空间模块为空间的核心，其他建筑空间模块均围绕着这一模块进行空间布置，充分考虑了使用者的个性需求。就寝非线性建筑空间模块位于微型建筑矩形空间的长边内侧，学习（工作、上机、就餐、阅读等）和烹饪非线性建筑空间模块占据微型建筑矩形空间的两个短边与相邻的就寝非线性建筑空间模块紧密相连。这三个建筑空间模块都与位于中心的沐浴非线性建筑空间模块紧密咬合。在就寝非线性建筑空间模块与沐浴非线性建筑空间模块咬合处的床沿在中部向内凹陷等设计，完全符合使用者习惯单侧侧卧及从床中部上床的生活习惯。在学习（工作、上机、就餐、阅读等）和烹饪非线性建筑空间模块与沐浴非线性建筑空间模块咬合的区域做了置物的储藏搁架及临床的台面，使三个空间模块在使用的过程中空间基本无阻隔，充分发挥了微型建筑空间能够方便联系各个功能区块的优势。在入口处的空间是两侧学习（工作、上机、就餐、阅读等）和烹饪非线性建筑空间模块在使用中就坐和站立的交通空间。此外，在细部设计上，台面和床体之间用向床外倾斜的非线性挡板填充，无形中又扩大了床两侧的上部空间，同时使单元空间易于清洁，基本无狭缝。

在非线性微型建筑空间设计中，可以充分地将空间形体与人体需要合二为一，设计成带有强烈的使用者的空间个性。在这里，由于各个非线性微型建筑空间模块的形体更为具象，形体之间的穿插组合受建筑空间尺度与形态、人体生理形态、行为习惯和一些偶然性的因素所影响，形成了变化丰富的内部空间结构及形态特点。同一非线性微型建筑空间同样可依据微型建筑空间的尺度、形态以及使用者的数量、体态特征和行为习惯的要求进行不同的变形或局部变化，形成各种丰富多彩的同类型非线性微型居室空间单元。此外，非线性建筑空间模块内部空间造型丰富，视觉效果更好，在立体空间组合上耦合性更强，更容易在有限的空间中营造出更多的使用空间。但是，非线性建筑空间由于室内相对距离过近造成视域狭小，导致使用初期对空间的辨识度较弱，身体对空间的熟悉度培养方面需要有一定的过程。

综上所述，非线性建筑空间模块的运用是将传统的平面上的功能分区三维化、个性化和人性化，将这种附带个人属性的空间在三维空间向度内灵活组织起来，形成结构丰富、变化多端、极具个性和形态魅力的非线性微型建筑空间单元，充分满足了当今社会极简、节约、便利、舒适、个性化等方面的需求。微型建筑空间通过设计，可以改变其简陋、不舒适、不适合长期居住的既有观念，进而树立精致、舒适且宜居的新面貌。

第4章 微型建筑室内空间与人体多重感知

我通过忘掉建筑去构建自己的建筑想法，我可以感受到手中的门把手，对我而言这就是我进入世界并感知世界的武器，我可以强烈地感受到脚下的砾石在涌动，感受到橡木楼梯发出的微弱光芒，听到木门慢慢关上的声音……所有这些真实存在的物体都是我建筑经验的来源。

——彼得 · 卒姆托（Peter Zumthor）

卒姆托对一个门把手这样描述："当我走进我姑姑的花园时，常常被它深深地吸引。直到今天，那个门把手在我看来依然是一个让我进入不同情绪（Emotion）和触觉（Smell）世界的特殊标志。""多感知"在建筑现象学的领域里被作为建筑空间的一种"感知体验"。感知连接了空间与人体，赋予了一个人能够体验的"真实空间"。但是，这个"真实的空间"其实只是各种感官刺激综合作用下的空间形象，这个形象由多种感知汇总而成。只要去改变作用于空间的各种相关的感官刺激，同一个物理空间就可以有无限种空间形象。而对于不同的人，由于每个人的感觉器官都有各自不同的特点和嗜好，因此即使是同一个带有相同感官刺激的物理空间，也会有不尽相同的空间形象。

4.1 空间环境的感知刺激及其理论

Maria Lorena Lehman认为当人们在一个空间中移动、看、闻、触摸、听、品尝时，建筑才真正走入了生活①。Pallasmaa提出：每一个重要的建筑体验本身就是多感知的，物质、空间和尺度的质量由眼睛、耳朵、鼻子、皮肤、舌头、骨骼和肌肉来衡量②。古往今来，建筑空间环境一直都是通过多种人体感官来连接环境与人之间的关系。可以说，没有人体感官，那么环境对于人的主观意识来说就并不存在。花园绚烂的色彩、芬芳的花香、悦耳的鸟鸣、潺潺的溪水、温暖的阳光，从视觉、嗅觉、听觉和温觉上作用于人体，让人们感受到了无比愉悦的空间环境。寺庙的钟声、木鱼的击打声、僧人的诵经声、焚香的烟气，可以让人们借由听觉和嗅觉在很远处感觉到寺庙场域的存在。彼得·卒姆托在建筑实践中侧重对身体感知理论的探索，他在设计瓦尔斯温泉浴场时"重视空气作为介质而存在，除了视觉体验，还有声音的听觉体验，气温和湿度在建筑中建立起皮肤的触觉的体验，以及各种味道的嗅觉体验"，这种多感官的愉悦感与物理环境的调控、材料物理特性的应用密不可分。比如，运用混凝土与石材作为蓄热体，白天维持浴场的氤氲氛围，晚上结合地源辐射冷却系统进行散热，科学与美学在协同作用的同时保证了建筑性能及身体体验③。现代感官技术的发展则更加拓宽了建筑空间形象的表现方式，这些表现方式充分利用了人体多重感知，加深了建筑空间对人主观意识的影响，形成了丰富多彩的建筑空间体验。这些相关的因素、各个因素的权重、发生的方法、次序、强度等规律则是构建多重感知建筑空间的关键④。

由于微型建筑及微型建筑空间具有空间尺度狭小、功能多样化、空间精细化、个性化与共性化、服务对象多样化、形态多样化、质量水平的两极化、室内环境舒适性欠缺等特点，微型建筑空间所赋予的多种及多重感知刺激总体上对人体的生理、心理及整体的空间舒适性等方面影响较大。因此，微型建筑及微型建筑空间环境的感知，应该以相对独立的感知研究为基础，进行空间与感知的复合性研究，最后从反方向上探索空间及

---

① Maria Lorena Lehman, Architectural Building for All the Senses: Bringing Space to Life, undated, www.mlldesignlab.com/blog/architectural-building-for-all-the-senses.

② Juhani Pallasmaa. Hapticity and Time: Notes on Fragile Architecture, Architectural Review, 2000, 207: 78-84.

③ 李麟学，侯苗苗．健康·感知·热力学 身体视角的建筑环境调控演化与前沿[J]．时代建筑，2020（5）：6-13.

④ YANG W, MOON H J. Combined Effects of Acoustic, Thermal, and Illumination Conditions on the Comfort of Discrete Senses and Overall Indoor Environment[J]. Building and Environment, 2019, 148: 623-633.

其感知刺激对人体生理、心理及整体的空间舒适性的影响，进而从这一角度提升建筑空间环境的质量。

4.1.1　空间环境感知刺激的种类

1. 视觉感知刺激

视觉感知刺激与空间形态、色彩、机理、明暗、材质、图案等要素相关。这些要素又划分为很多小类。例如形态包含形状、尺度、比例、封闭性、开放性等；色彩包含色调、明度、彩度等；机理包含方向、密度、凹凸、形状等；明暗包括亮度、空间分布、均匀度、色温等；材质包含各种材料的视觉质感、反光能力、光滑度等；图案包含色彩、形状、密度、尺度和立体感等。在狭小的空间中，空间的围护结构与人体十分贴近，因此微型建筑空间无论是对材质、光影还是对形态等方面的感知，与普通建筑空间都具有一些明显的不同。例如，就视觉感知而言，由于微型建筑空间视域狭小，空间信息的种类可能会比普通空间少得多，但信息所涵盖的细节方面则要多一些。此外，由于空间相对狭小，空间的纵深感和透视效果就不那么显著了。

2. 听觉感知刺激

听觉感知刺激与不同声源的种类、音频、强度、时间特性（持续时间、起伏变化、出现时间、混响时间、衰减时间）等要素相关。微型建筑的空间狭小，空间尺度通常小于混响半径，主要受直达声的影响。在狭小空间中，人体对相同声强不同种类的噪声源以及同一种类不同声强的噪声源的感知，直接影响着人体对于空间环境的整体感觉及舒适性评价。

3. 嗅觉感知刺激

嗅觉感知刺激与不同嗅源的种类、方位、距离、浓度、时长、频率、周期、不均匀系数、空气扩散性能、空气龄等要素相关。由于微型建筑空间狭小，如空间密闭，室内空气的质量非常容易受到各方面因素的影响。狭小空间中空气的日常含氧量、空气温湿度、人体嗅觉的敏感性和偏好等与嗅源所造成的嗅觉感知刺激一起对人体的心理和生理状态造成了积极或消极的作用，直接影响着人体对于空间环境的整体感觉及舒适性评价。

4. 触觉感知刺激

触觉感知刺激包含在躯体觉感知刺激里，与人体所接触的物体的温度、湿度、形态、弹性、硬度、光滑度、材质等感知刺激相关。身体的触觉感知刺激比较复杂，微型建筑空间里空气的温湿度、气流组织等会与接触物体一起形成各种组合刺激，并作用于人体，直接影响着人体对于空间环境的整体感觉及舒适性评价。

5. 动觉感知刺激

动觉感知刺激包含在躯体觉感知刺激里，除了建筑空间本身提供的动觉刺激外（空间的震动、倾斜等），一些非动觉感知刺激也会造成人体的震动感、运动感、平衡感等发生变化，因而动觉感知也与这些非动觉感知刺激要素紧密相关，例如微型建筑由于空间狭小和空间形态的不同，会在视觉上影响人体的平衡感、运动的自由度（种类、速度和幅度等）和可控性，而狭小空间围护界面的材质、硬度、弹性和光滑程度等，也会不同程度地影响到人体的肢体运动的自由度，而建筑空间中肢体运动的自由度则直接影响着人体对于空间环境的整体感觉及舒适性评价。

4.1.2 空间环境感知理论

1. 建筑室内空间多重感知的作用机理

Charles Spence提出了多重感知的超加性、抑制性、联觉和一致性等概念，认为某项感官的增益，会促进其他感官的共同增益，造成的效果甚至会达到原来的1207%。例如一个春日里的短片（视觉），附带有暖风（温觉、触觉）和花香（嗅觉），会大幅度增加影片的真实感，增强观影者的感受。而反之，某项感官缺失，会对现存感官造成衰减，例如早期的默片电影，只有视觉刺激，因此很快就被效果更好的有声电影所取代。Charles Spence还指出抑制性的问题可能是感官不协调，或者可能是“感官过载”，提出了感官设计的一致性问题，例如活跃的音乐配上凝神的香气，会导致受众出现认知上的混乱，干扰积极思维及决断等①。

2. 多感知的联合效应

Maurice Merleau-Ponty发现感知并不是由视觉、触觉和听觉等组成的一个简单的加法，它是由身体组织起来共同作用的②。Robert Mandrou认为直至17世纪，人们对于环境体验最重要的感知是听觉和嗅觉，视觉远远落在后面③。

（1）建筑室内空间与热环境相关的多感知联合效应

Wonyoung Yanga和Hyeun Jun Moon进行了相关实验，研究了声学、热学和照明条件对于感官舒适性和整体室内环境的综合影响，并分析总结了三种条件之间的关联机制。

---

① Spence C . Designing for the Multisensory Mind[J]. Architectural Design, 2020, 90(6):42-49.

② Maurice Merleau-Ponty. The Film and the New Psychology, in The Visible and the Invisible[M]. Northwestern University Press (Evanston, IL), 1968: 48.

③ See, for instance, Robert Mandrou as quoted in Jay Martin, Downcast Eyes: The Denigration of Vision in Twentieth-Century French Thought, California University Press (Berkeley and Los Angeles), 1994.

提出了在热中性区，声学舒适性出现增长，视觉舒适性随着噪音程度的降低而提升。在500Lx的照度条件下，随着噪声程度的降低，热舒适性提高。室内环境整体的舒适性在明亮的条件下，随着噪声程度的降低而提升。在稳定的热环境和采光条件下，声学要素对于室内环境舒适性的影响最大，其次是室内温度和照度[①]。此外，Charles Spence也认为赋予室内空间暖色，可以节省供暖的能耗[②]。

（2）建筑室内空间的视觉、听觉和触觉感知联动效应

Sean Ahlquist，Leah Ketcheson 和 Costanza Colombi 合作创造了一种交互感知环境。人体与建筑空间环境亲密接触，可以通过触摸、攀爬和按压等肢体活动引起多种不同的视觉和听觉的联动感知刺激。例如，按压强度的大小可以导致颜色的变化、图案密集程度的变化、音乐等声效的变化等，从而深入刺激幼儿孤独症患者的视觉、听觉和动觉感官等，促进患者的运动机能和社会交往能力的锻炼，并进而改善幼儿孤独症患者的各项症状[③]。

（3）建筑室内空间的视觉和味觉感知的联觉效应

一种感知可以加强或引起另一种实际不存在的刺激所引起的感知。例如可以用色彩和形态等视觉刺激引发味觉感知。粉色弧线形的沙发引起了原本不存在的类似于甜甜圈的甜蜜的味觉感受，在某种程度上增强了空间使用者的食欲[④]。

3. 环境对人体行为的能动性

（1）人类行为公式

人体行为发展受四个方面的因素作用，可以简单地概括为如下基本形式：

$$B=H\times M\times E\times L \qquad (1)$$

式中：B（Behavior）代表行为；H（Heredity）代表遗传；M（Maturation）代表成熟；E（Environment）代表环境；L（Learaing）代表学习[⑤]。

从这个公式可以看出，环境作为四个因素之一，可以直接对人体的行为发展进行影响，可以拓展或限制人体的运动行为方式，影响到日常的生活行为甚至造成某种剧烈的

---

① Wonyoung Yang, Moon H J. Combined effects of acoustic, thermal, and illumination conditions on the comfort of discrete senses and overall indoor environment[J]. Building and Environment, 2019.

② Charles Spence, Temperature-based Crossmodal Correspondences: Causes and Consequences, Multisensory Research, 2020, 33.

③ Sean A, Leah K, Costanza Colombi. Multisensory Architecture: The Dynamic Interplay of Environment, Movement and Social Function[J]. Architectural Design, 2017, 87(2): 90-99.

④ 李麟学，侯苗苗．健康·感知·热力学　身体视角的建筑环境调控演化与前沿［J］．时代建筑，2020（5）：6-13.

⑤ 常怀生，建筑环境心理学[M]．北京：中国建筑工业出版社，1990.

改变，以至于成为习惯。例如，人们在胶囊公寓里居住，由于日常肢体活动会受到限制，有些人在一开始对狭小空间的适应能力较弱，出去的意愿较为强烈，而长时间待在胶囊公寓里以后，会产生一定的怠惰性，出去的意愿反而并不是太强了，肢体活动受到限制的生活方式在某种程度上已经成为了一种习惯。建筑空间环境可以从多方面影响人的行为，例如视觉、动觉等感知刺激也会影响人体运动行为的流畅性，昏暗的灯光和倾斜的地面让人们的运动行为放缓，规避空间信息不足或平衡问题导致的潜在危险，这是空间作用于人体行为的直接体现。

（2）韦伯定律

韦伯定律表明“同一刺激差别量必须达到一定比例，才能引起差别感觉”。这一比例是个常数，用公式表示：

$$\Delta I/I=k \tag{2}$$

式中：ΔI代表差别阈限；I代表标准刺激强度；k代表常数（韦伯分数）。

韦伯定律是心理量和物理量之间关系的定律，可察觉的差别就是“以最小量的（物理）刺激强度变化产生明显的感官体验上的变化”[①]。

4.2 视觉感知与微型建筑空间

人们在物质世界的感知过程中，大约有85%以上的信息是由视觉得到的，而且视觉感知有时囊括了环境的部分或绝大部分的感知刺激[②]。建筑光环境指的是由光（照度水平和分布，光源的形式和颜色）与空间围护结构的颜色（色调、饱和度、颜色分布和显色性）在建筑室内建立的与房间（空间）形状有关的生理和心理环境[③]。但是，在建筑空间中，视觉能够感知的除了光环境外，还包含了非常多的内容，建筑空间包容的所有物体都会共同作用呈现出整体的视觉形象。在这些视觉形象中，能够提炼出的视觉感知刺激包括空间及其内容物的形体、色彩、机理、明暗、材质、图案等要素。视觉感知永远不是对于客观材料的机械复制，而是对于现实世界的一种创造性把握，并且视觉有一种保持或达到结构上简化的趋势[④]。因此，在视觉感知研究中不仅要把握客观性的东西，也要给予主观性应有的关注，即人性化。

---

① John Stevens. 4 Clever Psychology Rules for Making Better UX Decisions[J]. Design & UX, 2016(9).

② 徐磊青. 人体工程学与环境行为学[M]. 北京：中国建筑工业出版社，2006.

③ 朱颖心. 建筑环境学[M]. 北京：中国建筑工业出版社，2016.

④ [美]鲁道夫·阿恩海姆. 艺术与视知觉[M]. 腾守尧，朱疆源，译. 成都：四川人民出版社，2016.

4.2.1　空间尺度

对于空间的尺度，在普通空间中，人眼对空间的高度最为敏感，较低的空间高度会使该空间的宽度感觉更宽一些。较宽的空间宽度和较高的空间高度能够被感知为一种好的空间条件，而较深的空间进深则正相反[①]。但是，这只是针对一般的建筑空间而言，对于微型建筑空间，是否还具有这样的规律，则需要进一步研究。

1. 可变微空间实验平台

为了研究空间的微尺度变化，我们设计并建造了可变微空间实验平台，该平台可以形成不同尺度的空间，用以研究关于空间尺度的视觉刺激发生细微变化时对人体感知的影响。可变微空间实验平台尺寸为3m（长）×3m（宽）×2m（高）（图4.1、图4.2），基本结构包括实验台面，两道固定墙体，两道活动墙体、滑轨和可升降顶板。两道活动墙体可以沿滑轨滑动，一道活动墙体长度固定，另一道活动墙体长度可以伸缩。因此，可变微空间实验平台可以自由改变空间尺度。可变微空间实验平台内部的初始色彩为不反光白色面层，可降低色彩、图案肌理和材质等其他视觉因素对于

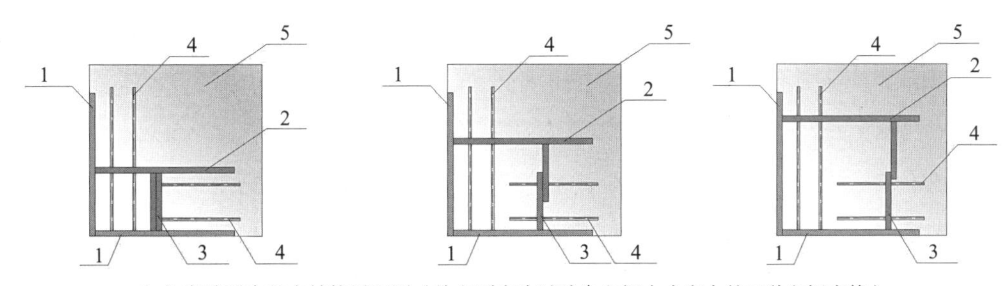

（a）实验平台基本结构平面图（从左到右为试验台空间由小变大的三种空间变换）

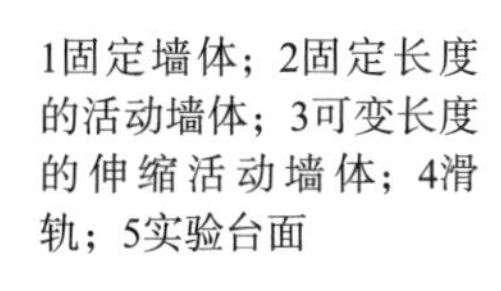

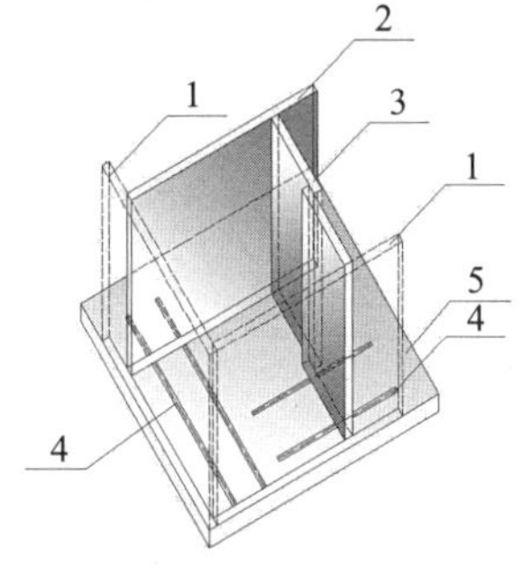

（b）实验平台基本结构轴测图

图4.1　实验平台基本结构

图4.2　实验平台实体

① Sangwon Lee, Kwangyun Wohn, Occupants' Perceptions of Amenity and Efficiency for Verification of Spatial Design Adequacy[J]. International Journal of Environmental Research and Public Health, 2016, 13(128): 1-31.

空间尺度感知的干扰。可变微空间实验平台作为一种可变微型建筑，本身即为一种对微空间的探索和尝试。

2. 人体空间尺度感知的敏感性

利用可变微空间实验平台，人体在不同微尺度空间中进行空间体验，空间由小变大，即从3m（长）×3m（宽）变为最小的1.5m（长）×1.5m（宽），人体背靠固定墙体一角，尺度变化为0.5m。在空间体验时，人体可以在一角静立闭眼，等空间调整好立刻睁眼。在研究中发现，在微型空间尺度内，宽度和深度的敏感性较高，而高度的敏感性较低，这一结果部分与人体的水平及竖直视域有关。因此，我们可以借此从视觉敏感性方面着手微型建筑的空间设计，将视觉比较敏感的宽度和深度方向尽可能做大，即能明显改善空间的视觉舒适性。

3. 人体空间尺度变化的感知

建筑空间的尺度多种多样，从研究角度而言，首先应做的是一种筛选，我们将空间的3个变量进行规划。

（1）高度不变情况下的建筑空间尺度筛选及其VR浸入式虚拟空间体验

首先高度不变，长宽两个变量逐渐变化，请多人进入VR虚拟空间进行浸入式空间体验，删掉感觉差异性比较小的空间案例，最后得出一组空间序列：1m×1m×2m（高）、1m×2m×2m（高）、1m×3m×2m（高）、1m×4m（宽）×2m（高）、1m×5m×2m（高）、2m×2m×2m（高）、2m×4m×2m（高）、2m×6m×2m（高）、2m×8m×2m（高）、2m×8m×2m（高）、3m×3m×2m（高）、4m×4m×2m（高）、5m×5m×2m（高）等（图4.3）。

在这些空间内进行VR浸入式虚拟空间体验，体验后发现，人体对于这些空间尺度感知的差异性颇大，但又有一些共性存在。例如，对于空间尺度适中，长宽相等的空间，往往最受欢迎，例如2m×2m×2m（高）、3m×3m×2m（高）、4m×4m×2m（高）等空间。另外，基本上刚进入空间的第一次评价一般没有待几分钟后所得出的评价好，人的空间适应性似乎在其中发挥了一定的作用。

图4.3　高度不变情况下的VR建筑空间尺度筛选组

图4.4　高度变化情况下的VR建筑空间尺度筛选

（2）高度变化情况下的建筑空间尺度筛选及其VR浸入式虚拟空间体验

基于平面不变情况下的建筑空间尺度的筛选，我们选择长宽相等的平面尺寸，逐渐调整其高度变量，请多人进入VR虚拟空间进行空间体验，删掉感觉差异性比较小的空间案例，最后得出一组空间序列：1m×1m×2m（高）、1m×1m×4m（高）、1m×1m×8m（高）、2m×2m×2m（高）、2m×2m×4m（高）、2m×2m×8m（高）、4m×4m×2m（高）、4m×4m×4m（高）、4m×4m×8m（高）、8m×8m×2m（高）、8m×8m×4m（高）等。在这些空间内进行VR浸入式虚拟空间体验后发现，2m×2m×2m（高）、2m×2m×4m（高）、4m×4m×4m和8m×8m×4m等空间比较受欢迎。也就是说，在空间由小变大的过程中，空间舒适性较高值集中出现于4m×4m到8m×8m这一平面尺寸区域里，而对于空间高度而言，空间舒适性较高值集中出现于4m的空间高度范围内（图4.4）。

（3）高度不变情况下的建筑空间尺度实体空间体验

在可变微空间实验平台里进行不同空间尺度的体验，我们将2m×2m×2m（高）和3m×3m×2m（高）两个空间进行了对比，结果并不是所想象的空间越大舒适性就越高，2m×2m×2m（高）的舒适性有时反而会略高于3m×3m×2m（高）。

4.2.2　空间形体

建筑空间的形体既给予了人们一种复杂的空间认知，也给予了空间本身功能之外的一些生理及心理影响。空间形体的变化会造成视觉空间舒适性的变化，而空间形体的感知过程是各个空间元素共同作用的结果。空间在人体视觉上的呈现从来不是对于客观形体的简单接收，而是要进行格式塔化等的形象处理，以及受人体视觉生理特征影响而产生的某种形象变形或错觉。因此，与人体极为接近的微型建筑空间需要更为细腻的形体设计。坚实的形体需要生动、挺拔、结实且富有张力，曲和“直”在视觉呈现中出

图4.5　7种基本VR空间形态
（从左到右依次为：方柱体、五棱柱、三棱柱、圆柱、四棱锥、圆锥、球体）

图4.6　VR空间体验

现了借曲成直的现象。例如中国传统建筑的圆形柱身两端直径是不相等的，一般根部略粗，顶部略细，柱身实际上是中间鼓起的曲线形状，这种作法称为“收溜”又称“收分”。柱子做出收分，在视觉上能够达到稳定、轻巧、挺拔的效果，柱身的曲线被无视，曲线加强了柱身“直”的感觉。古希腊柱式也有类似的做法。此外，中国传统建筑还有“侧脚”的做法，檐柱皆向内侧倾少许，将建筑顶部收缩，增强建筑的透视效果，形成建筑挺拔的视觉感知，这种做法与“收分”异曲同工。中国传统建筑还有“升起”的做法，檐柱高度自当心间向两端柱逐渐加高，使建筑物檐口呈缓和曲线，檐角向两侧挑起，形成曲线优美动态飞逸的视觉造型。

我们采用光辉城市·Mars软件建模，建成7种基本空间形态：方柱体、五棱柱、三棱柱、圆柱、四棱锥、圆锥、球体，进行了VR浸入式虚拟空间体验，试图对于建筑空间的基本形体感知做一个初步的了解。根据前期研究发现3～4m高度是人体空间感知较为适宜的高度，因此将其中的球体直径定为4m，其他所有形体高度均为4m。除球体外，方形柱体底面边长为2m，其余形体底面外接圆直径均为2m。所有空间均为漫反射的白色材质，以降低色彩、图案和材质肌理等其他视觉因素对于形体感知的干扰。多人进入VR虚拟空间进行空间体验，在瞬间和逡巡一定时间后分别说出在其中的感觉，发现空间体验最舒适的是圆柱，而圆锥、四棱锥和三棱柱等则处于最不舒适的范畴内，且普遍感觉紧张和压抑（图4.5、图4.6）。

4.2.3　色彩

建筑空间色彩技术的应用在商业、娱乐空间中的发展相当迅速，例如餐厅、KTV、游戏厅、舞厅、俱乐部、幻视厅的灯光等装饰效果（图4.7），都会给人带来丰富多彩的视觉感受。在这些建筑空间中，色彩被强化成主要的视觉刺激元素，这些可以随时调整变换的色彩光环境，能够使沉浸其中的观者瞬时建立起具有明显差异性的空间感知，产生不同程度的生理及心理反应。也可以说，色彩灯光效果可以用很少的时间成本和几乎为零的物质成本，赋予同一空间完全不同的视觉感受。而这一方法，对于微型建筑空间在提升空间品质方面具有着重要的意义。

（a）绿色　（b）紫红　（c）蓝色

图4.7　室内色彩景观空间

微型建筑空间狭小，不仅会造成视觉上的窘迫感，也会对心理和生理方面造成不同程度的负面影响。色彩可以调节情绪，例如黄色、红色可以使人亢奋，蓝色、绿色可以使人平静；色彩也会对其他类型的空间感知造成影响，例如距离、冷热和明暗等空间感知。如果能够利用色彩光环境缓解微型建筑空间本身存在的对于人体的负面影响，则可以极大地提升微型建筑空间的环境品质，甚至可以达到更高的目标，例如节能、改善情绪、调理心理和生理健康状态等目标。

1. 空间色彩VR浸入式虚拟空间体验

采用光辉城市·Mars软件建模，分别以四种空间尺度2m×2m×2m（高）、3m×3m×2m（高）、4m×4m×4m（高）和8m×8m×4m（高），结合9种色彩（白、黑、灰、红、橙、黄、绿、蓝、紫），建成36种不同的基本空间，组织多人进行了VR浸入式虚拟空间体验，试图对于建筑空间的基本色彩感知做一个初步的了解。在研究中发现，黑、红是最不受欢迎的两种空间色彩，黑色给人的是压抑和痛苦的情感感受。红色给人的是诡异、血腥、无法言说的难受等情感感受（图4.8）。

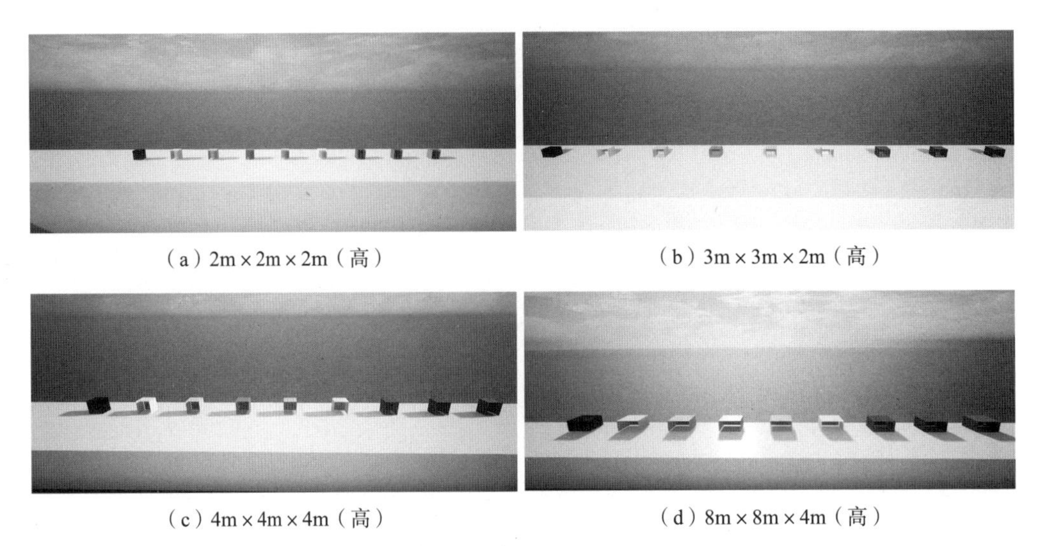

（a）2m×2m×2m（高）　（b）3m×3m×2m（高）

（c）4m×4m×4m（高）　（d）8m×8m×4m（高）

图4.8　室内色彩空间建模

2. 色彩实体空间体验

为了进一步研究，在微型建筑单元空间实体内引入红色、橙色、黄色、绿色、蓝绿色、蓝色、紫色、紫红色等这些在日常生活中常见的色调，探索在不同色彩条件下，人体俯瞰室内空间的主观感受。多位测试人员对微型建筑空间室内环境色彩的心理喜好度做了评价（图4.9）。

在研究中发现测试人员对于极小空间室内环境色调的喜好度有很大不同，其中，黄色空间最受欢迎，其次是紫色空间、白色空间和橙色空间。绿色空间、黄绿色空间和红色空间不喜欢的人最多。

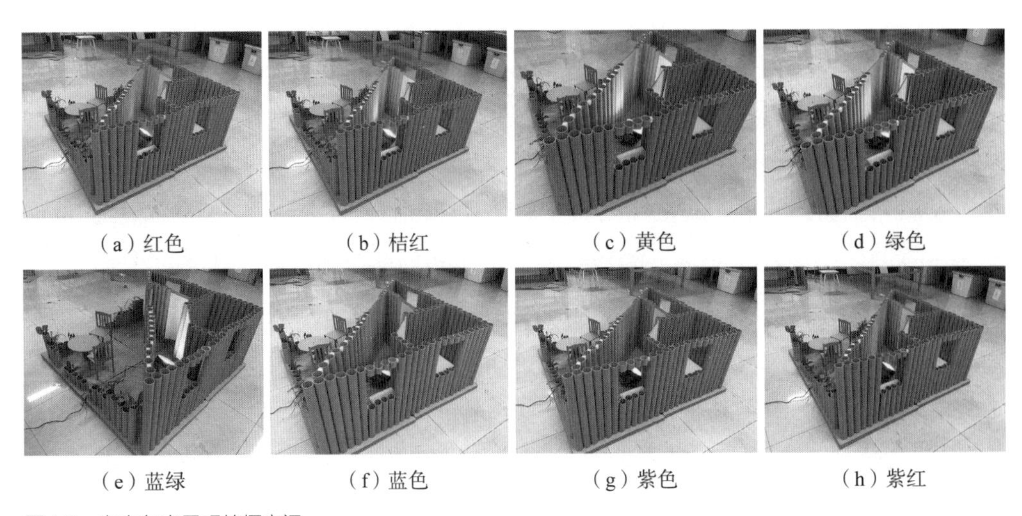

（a）红色　（b）桔红　（c）黄色　（d）绿色

（e）蓝绿　（f）蓝色　（g）紫色　（h）紫红

图4.9　室内色光景观拍摄空间

4.2.4　材质

物体的材质感知，包含视觉材质感知和触觉材质感知。基于以往的生活体验，人们早已建立起不同材质的主观喜好，而这些喜好往往与材质本体，感知主体的特异性和材质组成的物体的差异性等相关。

1. 空间材质VR浸入式虚拟空间体验

采用光辉城市·Mars软件建模，分别以以上研究得出的两种较受欢迎的空间尺度4m×4m×4m（高）和8m×8m×4m（高），结合9种材质（砖、石、混凝土、木材、玻璃、布料、金属、皮革、塑料），建成18种不同的基本空间，组织多人进行了VR浸入式虚拟空间体验，试图对于建筑空间的基本视觉材质感知做一个初步的了解。在研究中发现，在VR虚拟体验中色彩的深浅成为了极大的干扰因素。因为VR虚拟空间不能较为细腻地反映材质的质地，材质的粗糙程度、纹理和反光性等的表达受到限制，造成浅色还有一定纹理的混凝土、石材等材质比较受欢迎，而在材质实体视觉体验测试中非常受欢迎的木材由于所选用的VR木材贴图色泽暗沉，喜好度反而不是很高。但是也有一些材质并没有受到影响，例如玻璃在虚拟空间中透明性的表达依然较好，所以喜好度达到所有材质中最高，这与材质实体视觉体验测试的结果相似（图4.10）。

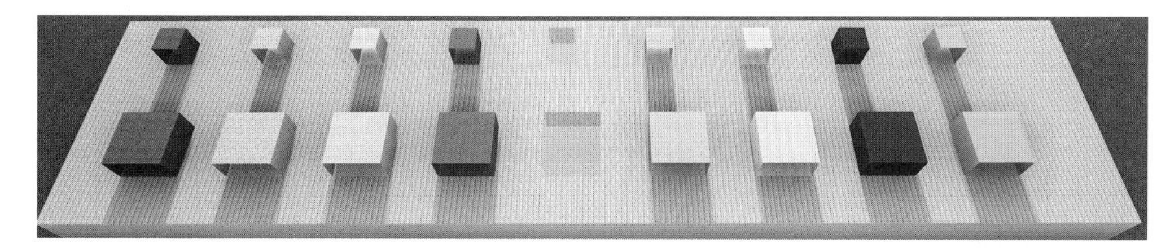

图4.10　18种基本VR材质空间形态图

2. 材质实体视觉体验

我们对材质实体本身进行了视觉感知体验，包括丝绸、木材（白蜡木、水曲柳、黑胡桃等）、皮革、毛毡、玻璃、混凝土、纱、橡胶、塑料泡沫、瓷砖、金属、塑料、布料，纯粹依靠视觉感知依次进行喜好度调查，发现人体对于不同材质的喜好有着明显的差异性。例如对丝绸、木材、玻璃始终保持较高的喜好度，而混凝土则始终保持较低的喜好度，这与空间材质VR浸入式虚拟空间体验的结果差异较大（图4.11）。

图4.11　人体材质实体视觉感知测试

4.2.5 微型建筑空间的真实与虚幻

空间本身就是一个“虚”的概念，空间感知不一定是由空间的物质构成来完全决定，虽然建筑空间很多时候是由屋顶、墙壁、地面等物质载体所围合出来的。空间形体的感知更侧重于直接地视觉呈现，即使有一些虚假成分被感知到，但也能显著地改变空间的视觉体验。

1. 空间体量的呈现

空间体量的呈现主要分成两种方式，一种是物质界面为“明”，空间本体为“暗”。例如一间普通的房间或仅仅是一些轻薄的围屏或帐幔所围合的空间，我们通过物质界面的形态来了解包裹于其中的空间形态。另一种是物质界面为“暗”，空间本体为“明”。空间本体的形态成为主角，而围护界面变得可有可无，不再对空间形态的生成发挥作用，而要让空间本体成为主体，就需要用一种媒质注满空间，让空间可视。这种媒质可以是光线、烟雾、水雾等能够通过本身或通过光线产生视觉实体感的物质。光线本身就有能力塑造空间，也可以让各种媒质通过光线产生的视觉实体具有较强的可操控性。通过光线形成的实体空间我们可以称之为“光域空间”，“光域空间”可以依据空间的特性进行分类，包含一维光域空间，二维光域空间和三维光域空间。一维光域空间可以由一束光线形成，例如镭射激光指示灯所形成的绿色线性光束等；二维光域空间可以由射灯、投影仪等光源照射某一水平界面形成各种形态的二维光域空间，例如由地面、水墙等界面形成的二维光域空间（图4.12）；三维光域空间可以由烟雾、水雾本身形成体量，也可以用它们作为媒质打底，再由色光照射形成各种空间形态（图4.13）。

图4.12　二维光域空间

图4.13　三维光域空间

2. 空间层次的呈现

空间的层次有时对于改善空间的深度有较大的作用，微型空间本身空间狭小，利用虚幻的空间层次感知来进行微型空间环境品质的提升是一种较有潜力的方法。具体方法多样，例如镜面法、景窗法等。镜面法又分为单面镜法和双面镜法。

（1）镜面法

单面镜法是在墙体单侧安装镜面，造成墙面消失，利用镜面反射室内环境，从而达到视觉上拓展一倍空间的效果，从而改善空间狭小的视觉感知，并且视觉较为稳定。双面镜法是在相对墙体上安装镜面，利用相对镜面相互反射所呈现的无限延伸的透视空间，可以形成空间在视觉上更加富有深度的拓展，这种虚假的拓展能够极大地改善空间的狭小及单调感。但也有视觉空间过于深邃，多重人影造成视觉上的不稳定，心理上的紧张慌乱等问题（图4.14）。

此外，在娱乐空间中，镜面法的使用则更加丰富多彩，常常虚中带实，实中带虚，将空间尺度和层次极尽夸张，带来强烈的空间视觉感知刺激，从而加深其娱乐性。在这种娱乐空间中，有的利用镜面在竖直方向进行空间拓展，造成深渊的感觉，引发强烈的视觉甚至动觉感知方面的刺激。例如，在地面上设置方形坑体，利用坑体四个侧壁设置图案界面及实物，配合坑底的水平镜面和坑顶的半透光镜，形成无限延展的空间（图4.15、图4.16）。有的在狭小的空间周围利用通透实物进行空间

图4.14　镜面层次空间

图4.15　地面无限延展空间1

图4.16　地面无限延展空间2

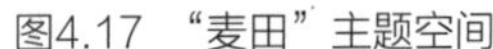

图4.17 “麦田”主题空间

图4.18 无限甬道

层次拓展，再利用外围的镜面进行二次空间拓展，造成虚中带实、实中带虚的效果。例如在“麦田”这一主题的狭小空间中，在小巧的玻璃桥体的玻璃栏板两侧和端部设置金黄的麦穗，在麦穗的外侧再设置镜面。金黄的麦穗拓展了玻璃桥体两侧和端部的空间层次，两侧和端部的镜面又与屋顶的镜面和灯饰一起将稻穗拓展的空间无限延展。因为镜面距离人体较远，无从辨别远处的麦穗是否真实，进而造成了虚中带实、实中带虚的无限延展的空间层次效果（图4.17）。有的将一边设置透明玻璃，另一边设置镜面的多条空间在平面上并列且连通起来，做成空间在四个水平方向上无限拓展的迷宫类空间——无限甬道，让人们对于空间的真实性无从把握（图4.18）。这些运用镜面改变空间层次的方法也同样可以应用于微型建筑狭小空间的改善。

（2）景窗法

景窗法也是一种有效拓展空间的方法，分为真实景窗和仿真景窗两种。真实景窗可以使外部空间“渗入”，有效缓解室内空间的压抑。开门透气，有时并不仅仅是为了呼吸新鲜空气，让眼睛放松也是一个主要目的。外部空间的“渗入”本质上也是增加空间的层次，从而起到“拓展”空间的作用。仿真景窗多种多样，有的是带有窗框、窗帘的风景画、风景照片等，有的是液晶屏、投影屏等，更高端的是裸眼3D屏等。

4.3 触觉感知与微型建筑空间

触觉感知是人类认识世界的重要手段之一，具有其他感知无可替代的作用。如前面所介绍的无限甬道，只有用手触碰，才能辨识真实与虚幻，视觉在此地只能成为判断环境的一个重要参考。针对建筑空间材质对于人体触觉感知的影响，我们对材质实体本身进行了触觉感知体验，选取材质与材质实体视觉体验相同，也包括丝绸、木材（白蜡木、水曲柳、黑胡桃等）、皮革、毛毡、玻璃、混凝土、纱、橡胶、塑料泡沫、瓷砖、金属、塑料、布料，并依次针对材质实验对象进行触摸体验及喜好度调查，发现人体触摸后比较于没触摸前仅靠视觉感知提供的材质的喜好度基本都产生了差异性，有的差异性非常明显，例如皮革等，而有的差异性则比较小，例如丝绸等（图4.19）。

图4.19　人体触觉感知测试

图4.20　各种嗅源

4.4　嗅觉感知与微型建筑空间

气味对于人体在建筑空间中的舒适性发挥着较为重要的作用。在古代，为了祛除虫蚊使用了熏香，而熏香同时也起到了放松精神以及赋予空间领域性的作用。再如糕点店里的香甜糕点气味和星巴克里的咖啡香气，这些气味不但表明了其所界定空间领域方面的特点，也发挥了联觉作用，引起了味觉感知的共鸣。为了更为单纯地了解气味对于空间的影响，在测试之前，请测试主体在花梨木、薰衣草、柠檬、桔子、牛奶、玫瑰、薄荷等嗅源中选择一款最为喜欢但又不太浓烈和较为独特的气味。测试主体经过嗅觉体验后进行横向比较，选择了花梨木这一较有特色的嗅源（图4.20）。

随后我们进行了空间对比实验。在可变微空间实验平台里，选择两种尺度的空间，即3m×3m×2m（高）和2m×2m×2m（高），对于没有气味和有清香的花梨木气味的两种工况，大部分测试主体在有花梨木气味的空间中的环境舒适性都有了不同程度的提升，原本焦虑或紧张的心态有了一定的缓解，只有少量测试主体的舒适性评分基本无变化。因此，可以确定，良好的清雅幽香会对建筑环境质量的提升起到一定的促进作用（图4.21）。

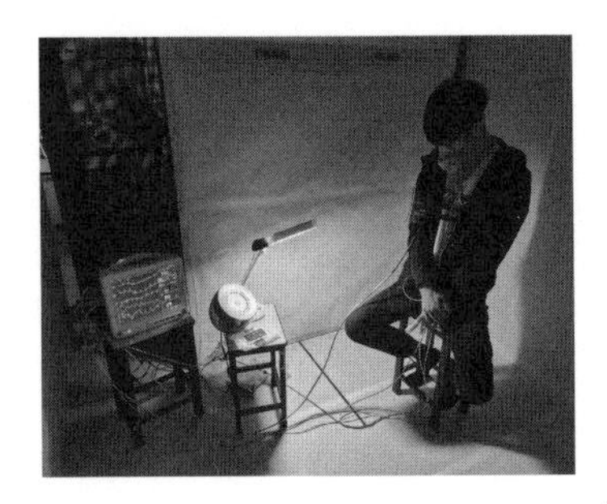

图4.21 人体嗅觉感知测试

图4.22 2m×2m×2m（高）的空间行走

图4.23 3m×3m×2m（高）的空间行走

4.5 动觉感知与微型建筑空间

对于微型建筑空间而言，狭小的空间可能会在一定程度上束缚人体的行动自由，甚至可能会产生一定程度的行动障碍，例如碰撞。我们做了这样一个空间与人体行动实验。在可变微空间实验平台里，选择1.5m×1.5m×2m（高）、1.5m（宽）×2m（长）×2m（高）、2m×2m×2m（高）、3m（长）×2m（宽）×2m（高）和3m×3m×2m（高）的空间，进行了人体行走测试。测试要求行走姿势随意，只要绕圈走即可，顺时针或逆时针随意。测试中发现，所有测试者都采用逆时针行走方向。其中，1.5m×1.5m×2m（高）空间的人体行走平衡感最差，非常容易头晕和碰撞，但是1.5m（宽）×2m（长）×2m（高）空间的碰撞率却是所有空间中最高的，而测试者在3m×3m×2m（高）的空间中行走的最好（图4.22、图4.23）。

4.6 听觉感知与微型建筑空间

基于前期的空间尺度研究，发现并不是空间越小，人体空间感觉的舒适性就越低。不同的测试主体会对于不同的空间尺度做出不同的判断。有时候空间小，舒适度会降低，而有时候空间大，舒适度也会降低。对于听觉空间感知，在可变微空间实验平台里，选择1.5m×1.5m×2m（高）、1.5m（宽）×2m（长）×2m（高）、2m×2m×2m（高）、3m（长）×2m（宽）×2m（高）和3m×3m×2m（高）的空间，我们做了4种A声级环境下（70dB、75dB、80dB、85dB）针对白噪声的测试（图4.24）。

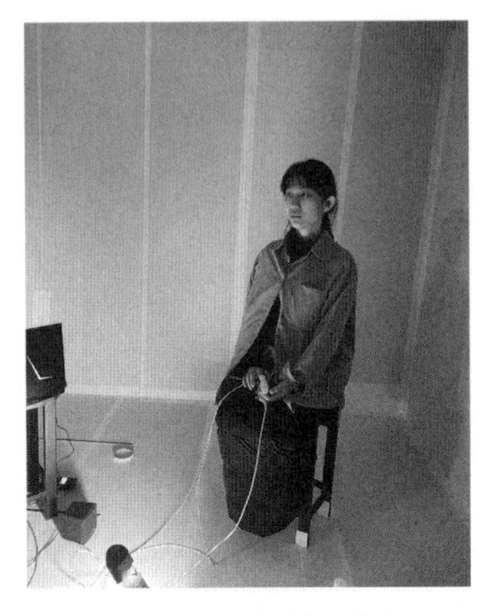

图4.24 人体听觉感知测试

测试后发现，噪声的确会影响空间的舒适度，当白噪声达到85dB（A）时，无论空间的大小如何，环境舒适性基本都达到了非常差的评价，测试主体很难长时间地忍耐，有的出现异常烦躁的感觉，而有的出现了一定的适应性，感知倾向于麻木，这是听觉器官过载而产生听觉抑制性的典型现象。就这一结果而言，空间环境的舒适性有时并不能完全被视觉感知所主导，当其中某一项感知达到忍耐极限时，有可能会使这一感知在这一阶段占据所有空间感知的主导地位。

4.7　空间的视觉感知与人体动觉感知

周围空间环境的视觉感知是人体自身是否处于水平与垂直、运动与静止状态的判断依据，反过来周围的空间形态，动静等视觉成像也会对人体自身运动状态的感知产生极大的影响，这种影响很大程度上体现在自身的平衡感和运动感方面，例如常见的倾斜屋、颠倒屋等，在里面行走时，身体的平衡性受到了极大的挑战，时常会跌跌撞撞，而单纯的倾斜坡面则没有这种现象。另外，身处建筑空间的墙壁、地面、天花灯部位如果呈现出迅速移动的虚拟影像，也可能会让人体本身具有正在移动的错觉（图4.25）。此外，利用感应设备，人体的肢体运动也可以激发一系列的视觉效果，从而强化主体对于动觉感知和视觉感知的关联性，由被动接收感知刺激，转向创作刺激并接收刺激，例如人体动捕色彩感应墙体和地面，手臂的挥动能够带来墙体上的彩色漩涡，脚步的迈动可以带来水的震颤（图4.26、图4.27）。由此可见，身体的各种感知是可以相互影响的，经过设计的建筑空间可以主动地使人体建立各种不同感知的关联，例如视觉→动觉或动觉→视觉+听觉等。

图4.25　移动虚拟影像墙

图4.26　人体动捕色彩感应墙体

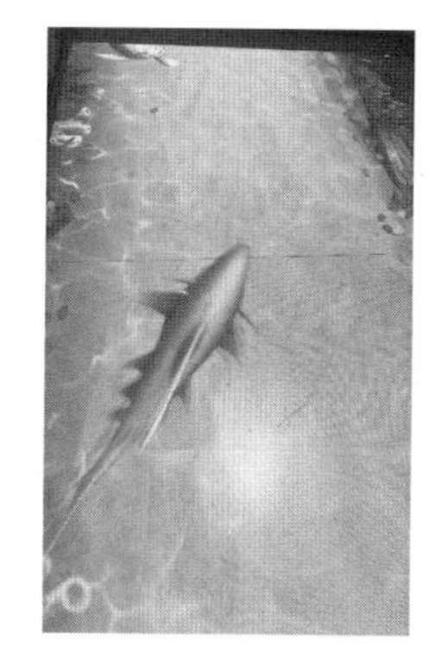
图4.27　人体动捕色彩感应地面

4.8 空间的视觉感知与人体听觉感知

基于3m × 3m × 2m（高）、2.5m × 2.5m × 2m（高）和2m × 2m × 2m（高）三种不同的空间尺度做的4种A声级环境下（70dB、75dB、80dB、85dB）针对白噪声的测试研究（图4.24）。我们发现，随着白噪声声级的提高，空间越狭小，空间的舒适性降低得越快，具有明显的线性分布规律，这与空间尺度的舒适性测试的结果不太一样。前期空间尺度的测试，空间尺度的缩小，并没有出现特别规律的舒适性降低的现象，有时这种舒适性降低并不明显，有时舒适性反而会在一定程度上升高。

综上所述，人体建筑空间的感知形成是一个非常复杂的过程，主要表现在六个方面：

（1）不同类型的空间感知在某些情况下有可能占据空间感知的主导地位

视觉虽然是所有空间感知中信息接收量占据主导地位的一种感知，但是在特定条件下，人体的空间舒适性并不一定由视觉感知来主导。在以上的感知研究中发现，动觉、听觉等空间感知有时候也会占据空间感知的主导地位，特别是针对一些消极感知刺激的情况，例如声级较大的噪声，以及人体由于空间形态或动态视觉效果所导致的身体失衡等。

（2）同一类型的空间感知的小类在某些情况下有可能占据同一类型空间感知的主导地位

这一现象在视觉感知方面表现得尤为突出，例如空间本体感知包含形态、尺度、色彩、机理、明暗、材质、图案等，而其中对人体心理和生理影响效果最为显著的包括色彩、形态等视觉感知小类。有时，可以将同一个空间中的某种小类强化，其他的弱化，就可以达到放大某一种感知小类的目的，而使这一种感知小类主导同一类型的空间感知，甚至可进一步主导整个空间的感知。此外，空间感知小类之下还可以进一步细分，再进一步研究这些更为细小的感知因素对于空间整体感知的作用，例如空间色彩包含色调、明度和彩度等；机理和图案包含方向、密度、凹凸、形状等；明暗包括照度、方向、均匀度、色温等；材质包含各种材料的视觉质感、纹理、反光性能和光滑程度等。将空间感知小类的某个细部强化，也有可能在一定程度上主导同一类型的空间感知小类。

（3）不同的空间感知大类以及同一大类不同小类之间存在互相影响的现象

这种影响分成两种类型，一种是直接影响（联觉），一种是间接影响（超加性、抑制性、一致性、屏蔽效应）。

不同感知之间的直接影响是一种感知能够直接引发另一种感知的产生，因此联觉一般都是由不同类型的感知所引发的。例如经过设计的视觉效果能够直接引发动觉和味觉方面的感知，这就是所谓的联觉。联觉效果有强有弱，例如前面所提到的倾斜屋和虚拟影像墙等视觉效果能够引发主体动觉方面的不平衡感，这是一种身体“真实”的失衡感，与正常的身体行为失衡基本没有差别，甚至更为强烈。而有些联觉效果则比较弱，例如前面所提到的粉色弧线形沙发引发甜甜圈的甜蜜味觉，这种感知关联与个人的文化生活经历联系密切，有甜甜圈体验的主体可能会引发这一关联，而没有这种体验的主体则根本不会产生这一关联。此外，这种视觉与味觉的联觉关系与其说是一种感知触发另一种感知，不如说是一种感知触发了另一种感知的记忆。

不同感知之间的间接影响，一般是指不同感知共同作用所造成的激励效应，例如前面研究所提到的空间尺度缩小与噪声声级加强所引起的环境舒适性评价显著下降的现象，即多个消极因素可以使彼此的消极影响变得更强。反之，多个积极因素也可以使彼此的积极影响变得更强，例如丝绸的触觉感知与丝绸的视觉感知互相增益，可以取得较高的喜好度，这就是所谓的超加性。而抑制性则是超加性的反面，例如当白噪声达到85dB（A）时，有的测试主体的听觉感知变得麻木，感觉在高噪声环境的适应性反而有所提高，这是听觉器官过载而产生听觉抑制性的典型现象。此外，不同感知之间还有干扰和屏蔽问题。一般情况下，一种重点感知的出现和不同感知同时出现的情况并不等同于简单的加法关系。如果这些不同感知的情感趋向一致，例如淡雅的色调、单纯的空间形态和令人舒缓的音乐都组合成一定强度的感知刺激共同作用于人体，使人体达到一种全方位的放松精神的状态，可能会出现1+1≥1的情况，这就是多项感知趋同的效果，也就是所谓的一致性。如果这些不同感知的情感趋向于不一致，例如浓艳的空间色调、令人兴奋的嗅觉环境和令人舒缓的音乐都组成一定强度的感知刺激共同作用于人体，会给人一种怪异的感觉，有可能造成多项感知刺激的弱化和心理上的不适，出现1+1≤1的情况。此外，如果一项或较少种类的感知刺激处于较高的强度，凸显于其他感知刺激之中，可能会成为空间使用主体重点关注的对象，从而忽视其他种类的感知刺激，甚至有可能导致其他感知刺激的失效，而强度较高的负面刺激往往可能会有这样的效果，例如震耳欲聋的音乐或浓度较高的臭味可能会让人忽视掉空间里其他的正面的感知刺激。但是，如果室内空间环境中的负面感知刺激强度不是很高，也可以利用较高强度的正面感知刺激，干扰或屏蔽负面感知刺激对人体的影响，例如美味的食品，会让使用主体对于简陋的空间环境容忍度显著增高，诸如一些老饕们热衷的苍蝇馆子等。

总体而言，不同感知之间的间接影响可以发生在视觉和听觉、视觉和触觉等不同感知大类之间，也可能会发生在同一大类不同小类的感知之间，例如不同色彩会影响到视觉的明暗感觉，例如黄色的空间在相同空间条件下一般会感觉更亮一些[①]。

（4）通感作用下的微型建筑空间

在微型建筑狭小的空间中，人体多重感知刺激被不同程度地集中起来，更精准更细腻地作用于人体。这些感知刺激有时是共同往增益或非增益的方向发展（一致性），有时则发展方向各不相同（非一致性）。这些感知刺激交错缠绕在一起，在同一时间互相影响，互相联系，结果是或加强（超加性），或削弱（抑制性），或引起其他感知（联觉），或干扰其他感知（屏蔽），形成一种混合的，在时间轴上有一定延续性的整体空间感知，例如具有着强光和强大噪声的空间，离开后可能仍然头晕眼花，耳边嗡嗡作响。通感作用下的微型建筑空间，感知刺激与人体之间的关系更为密切，但是，从另一个角度而言，感知刺激的载体——微型建筑空间的物质条件也更能够发挥改善空间整体舒适性的能动作用，甚至经过各项感知刺激的设计，可以产生有益于人体的生理和心理健康的微型建筑空间。

（5）建筑空间能够创造需要的感知关联

如前面所举的案例，建筑空间可以利用各种虚拟技术与设备使不同的感知大类之间发生动态关联。人的主动性体现在运动行为、语言等各个方面，利用人的主动行为与建筑空间环境的相关感知刺激进行链接，可以激发居住者对于空间环境塑造的能动性，进而得到所需要的建筑空间环境或提升建筑空间环境的质量。甚至于，借助这个过程可强化人体主动行为，来达到疗愈等其他的目的。

（6）建筑空间中所需要的感知可以借助仪器和设备生成

微型建筑空间的空间狭小问题主要体现在视觉和动觉的影响上。对于视觉感知而言，真实与虚幻的视觉感知虽然有一定差别，但是虚幻的视觉感知仍然能够发挥较大的作用，例如“麦田”主题空间，其狭小的空间尺度已经在视觉感知上消弭殆尽。因此，对于建筑空间而言，设计需要的虚拟空间感知可以成为创造空间环境或改善空间环境品质的一种有效手段。

① J López-Besora, A Isalgué, Coch H, et al. Yellow is green: An opportunity for energy savings through colour in architectural spaces[J]. Energy and Buildings, 2014, 78(78): 105-112.

第5章
微型建筑与人体生理、心理健康

我相信有情感的建筑，“建筑”的生命就是它的美，这对人类很重要的，对一个问题如果有许多方法，其中的那种给使用者传达美和情感的就是建筑。

——路易斯·巴拉干（Luis Barragán）

微型建筑狭小的空间对于环境的舒适性提出了挑战。狭小的空间是否就等同于不舒适？这就需要了解在狭小空间中的各项感知刺激对人体到底起到了什么样的作用，以及从哪些方面可以加以改善。建筑空间环境对人体施加的影响体现在人体在空间体验过程中的不同阶段的生理和心理状态。但是，人体的生理和心理需求本身就不是恒定的，会随着时间的变化而改变。这就又给我们提出了一个新的问题。

建筑空间环境的观感是人体多项感知共同作用的结果。但是，在建筑设计及其教育环节，除去一些与听觉（声环境）和触觉（热环境）相关的技术问题，视觉设计在某种程度上成为了唯一受到关注的人体感知。似乎只有在视觉问题上，才能受到所谓的人文关怀，而其他人体感知（例如听觉和触觉）的一些方面的问题则被一些物理环境条件的设计所取代，例如供暖、制冷、通风、隔音、吸声设计等。建筑师Alberto Pérez-Gómez和Charles Spence均针对建筑设计主要由视觉感官主导，而其他感官缺失所造成的建筑健康问题，提出了多感知的设计思想①。

5.1 微型建筑空间的居住体验与感知特性

5.1.1 微型建筑空间的居住体验

微型建筑空间舒适性所涉及的问题与普通建筑有着明显区别。本团队的8位成员在上海某太空舱旅馆（胶囊公寓）居住了3天，8人分别居住在8个“胶囊”里，这8个“胶囊”堆叠在一间房间里，房间没有窗户，采用机械通风。“胶囊”为长方体箱体空间，用拉锁帘与外界隔开，里面有两个挂钩可以挂衣服，也有很多格子可以放手表等物件。设备有灯、耳机插孔、电源、镜子和空调等。灯有很多种，可以自由调节亮度。镜子类似太空舱的窗体，美观实用。空调使用插卡开启。研究团队以自身体验进行总结，发现如下主要问题②：

（1）材质，涉及触觉和视觉。本次居住的胶囊公寓主体材质为白色塑料，在箱体末端供人体倚靠的区域设置白色海绵垫层，箱体底部床体垫层为白色太空棉，非常绵软，人躺在上面非常舒适。

（2）热环境，涉及温觉。虽然调研工作在5月份，气候比较适宜，但处于胶囊公寓内，在不开空调的情况下，如果接触塑料舱壁时间较长，皮肤会感到比较热。空调开启后室内环境虽有所改善，但空调冷风吹到人体的时间过长，身体也会感到不适。

（3）气味，涉及嗅觉。胶囊公寓采用机器通风系统，通风口位于箱体空间最内侧，虽然有通风系统，但由于空间狭小，气味容易在箱体内残留较长的时间。在不开空调较为炎热的情况下，呼吸会感到憋闷（CO_2含量为3044～3438mg/m^3）。

（4）光线，涉及视觉。虽然内部灯光为蓝色，研究人员认为这种色彩抵消了部分来

① Alberto Pérez-Gómez. Attunement: Architectural Meaning After the Crisis of Modern Science[M]. MIT Press (Cambridge, MA), 2016.

② 陈星，刘义．基于人体感知的极小空间主观多维评价模型[J]．工业建筑，2019，49（10）：80-84+116.

自狭小空间的封闭感，但是由于无窗，没有自然光线，总体上仍然具有一定的隔离感和封闭感。

（5）空间形体，涉及视觉和触觉。室内空间为长方体箱体空间，转角处倒角，形式单一。

（6）空间尺度与行为适应性，涉及视觉和动觉。“胶囊”为2.10m（长）×0.86m（宽）×1.03m（高）的长方体箱体空间，横向宽度基本满足人体躺卧的需要，而竖向高度只能满足坐、卧，无法站立，限制了人体的日常活动。内部空间采用曲面设计，手感较好，且身体在狭小的空间内不易磕碰，但一开始会感到非常局促，过一段时间后才能够适应坐、卧构成的生活方式。

（7）行为异化。当在外面的时候，内心是极不情愿进入的；相反地，当适应了“太空舱”的环境后，又会发现不愿意从里面出来。

（8）情绪异化。在居住了长时间之后，情绪变得低落，不想活动，思维呆滞，产生抑郁情绪。

综上所述，在胶囊公寓等微型建筑空间中，人的空间感知与普通尺度的空间感知有着明显的区别，变得更为细腻和多样化。人的触觉、嗅觉和动觉在胶囊公寓生活体验中得到了更多的关注。结合实际案例和前期建筑空间感知等问题的研究，我们可以看出微型建筑空间是可以通过设计提升其空间舒适性的。例如，胶囊公寓的蓝色灯光作为视觉感知的介入因子，可以在一定程度上改善居住者的视觉空间体验。因此，研究关于建筑空间环境的各项感知及其感知小类对于人体生理和心理方面的影响，是具有一定的现实意义的，利用这些感知作用于人体的规律（包含作用机理及作用效果的差异性等），了解这些感知之间的联系和共同作用的关系，就能够在较高层面，具有针对性地提升微型建筑空间乃至其他建筑空间的环境质量，增强使用主体的环境舒适性。

5.1.2　微型建筑空间的感知特性

在微型建筑狭小的空间中，空间的围护结构与人体十分贴近。因为距离近，人们更容易发现材料的瑕疵，因此对空间围护结构和空间内容物（家具设施）的工艺要求高。因为距离近，人们更在乎材料接触的触感，粗糙、燥热、冰冷、坚硬可能都不被喜欢。因为距离近，人们更在乎空间的形态是否容易让人体受伤，因此锋利、凸起、棱角等空间形体是微型建筑空间里不被允许出现的。因为空间狭小，散味不畅，人们更容易觉得憋闷或嗅到不良气味，因此对于通风的水平要求更高，且不能因为通风造成日常生活的影响，例如风速较大，会吹落桌面上的物件，导致人体体表不舒适。

因此，微型建筑的空间感知是有其独特之处的，且人体对于微型建筑空间环境品质的各方面要求在一定程度上也变得更高。这样就出现了一个矛盾：一方面微型建筑空间狭小，影响了整体的空间环境质量，人体更容易觉得不适；另一方面，使用主体对于微型建筑空间的工艺、材质、形态、温度、空气质量等环境要求则变得更为挑剔。

1. 微型建筑空间的视觉感知

在微型建筑空间中，对于视觉感知而言，无论是材质、光影、形态等方面的视觉刺激，与普通空间都有明显的不同。由于视角的问题，微型建筑空间视域范围内的视觉感知信息量，可能会比普通空间少得多，但视觉感知更注重细节，对空间的宽度和深度感有更高的要求，因为微型建筑空间往往满足不了视觉上的深度和广度的需要，而由于垂直视角较小的原因，对于空间高度的感知需求要较弱一些。总体而言，微型建筑空间无论是围护结构还是空间内容物（家具设施等），在视觉上的要求都要更为精细。

2. 微型建筑空间的触觉感知

在微型建筑空间中，对于触觉感知而言，由于空间的围护结构与人体十分贴近，建筑空间体验与人体的触觉感知关系相对紧密，空间材质的触感在一定程度上会影响占据视觉主导地位的空间围护结构及空间内容物（家具设施等）的整体感知，这是与普通建筑空间有着明显差异的地方。因此，微型建筑空间无论是围护结构还是空间内容物（家具设施等），不仅需要考虑视觉效果，还要考虑人体裸露肌肤接触这些物体时的触觉感知。光滑、温暖、有一定弹性、柔软等触觉感知，一般都是使用主体乐于接受的。

3. 微型建筑空间的嗅觉感知

在微型建筑空间中，对于嗅觉感知而言，由于微型建筑空间狭小，气味可以迅速扩散到建筑的整体空间中去，因此尤其要注意气味环境的控制。积极的嗅觉环境可以有效舒缓紧张的情绪，排解压抑的空间感知，因此在一定程度上，微型建筑空间更需要精心设计的嗅觉环境。从另一方面而言，微型建筑空间应尽量避免消极的嗅源，因为消极的嗅觉环境与狭小的空间尺度这两个消极因素会使消极影响变得更强。

4. 微型建筑空间的动觉感知

在微型建筑空间中，对于动觉感知而言，狭小空间对其影响相当大，在影响程度上与视觉感知类似。微型建筑室内空间狭小，人体行为受到的约束相当多，因此动觉感知的舒适性受到了极大的挑战。人体在微型建筑空间中，以正常的步速行走，会出现身体被迫扭转、动作变形、规避失衡、碰撞失衡等较高频率的行为阻断，从而造成头晕等身体的不良反应，甚至造成受伤等严重后果。因此，微型建筑空间的形态和材质设计等应当迎合人因工程学的基本原理，也应充分考虑到个人行为的特殊性，在有限的空间里尽可能地减少人体基本行为的障碍，并且为规避风险，可以采取一些特殊的设计手段，例如使空间围护结构和空间内容物（家具设施等）尽可能软包，避免因撞击而造成的身体伤害。

5. 微型建筑空间的听觉感知

在微型建筑空间中，对于听觉感知而言，由于微型建筑空间狭小，声音可以迅速扩散到建筑的整体空间中去，因此尤其要注意听觉环境的控制。积极的听觉环境可以有效舒缓紧张的情绪，排解压抑的空间感知，因此在一定程度上，微型建筑空间也需要精心设计的听觉环境。微型建筑空间应尽量避免消极的听觉环境，因为消极的听觉环境与狭小的空间尺度这两个消极因素会使消极影响变得更强。在声环境测试中已经表明，人体在狭小空间中，对于噪音的忍耐力通常会更为薄弱。

5.2　微型建筑室内空间对人体的生理影响

建筑空间环境的感知刺激包含视觉感知刺激、听觉感知刺激、嗅觉感知刺激和触觉感知刺激等。这些刺激对于人体的生理影响表现在各个方面，例如心率、血压、呼吸、出汗、平衡感、呼吸率、血氧、脑电波、疼痛等。这一过程非常复杂，感知刺激可以直接作用于人体的感知器官，造成人体生理指征发生变化，例如炎热的环境，使人体出汗。感知刺激也可以使人体形成主观感知，影响其心理状态，再间接作用于人体，导致生理指征发生变化，例如黑暗使人产生恐惧，恐惧导致颤抖和晕厥等。因此，从这一角度而言，室内空间环境对人体的生理影响比心理影响更为复杂。基于前期胶囊公寓空间体验主要集中于主观测评和物理参数的测量，有必要从各项感知刺激着手，研究不同类型感知刺激以及同一类型感知刺激的小类对于人体生理指征的影响。

5.2.1　视觉感知对于人体生理的影响

视觉感知刺激包含的小类非常多，包含空间尺度、空间形态、空间色调、空间材质等内容，以及这些内容下属的各种不同的细部参数变化。这些不同的感知刺激作用于人体，都会对人体的生理状态造成一定的影响。因此，有必要对这些视觉感知刺激与人体的生理指征关系做进一步的研究，探寻这种影响的强度及关联性。

1. 空间尺度感知对于人体生理的影响

在VR虚拟空间进行浸入式空间体验过程中，发现拥有较高舒适性评价的空间尺度往往集中在引起人体生理指征变化幅度较小的空间里面。此外，还发现在高度不变的情况下，较小尺度的空间以及长、宽尺度差异较大的空间更容易引起人体的心跳加速，血压的升高，以及出现较高的呼吸率等。例如，在3m×15m×2m（高）的空间中，有的测试主体心率可以达到102bpm。而在2m×2m×2m（高）的空间中，测试主体心率一般都在70～80bpm之间，能够达到较高的舒适性。另一方面，在VR虚拟空间进行浸入式空间体验也发现高度较高或高度与空间水平尺寸差异较大的空间，也容易引起人体的生理指征发生较大幅度的变化，例如在1m×1m×8m（高）的空间中，有的测试主体心率可以达到110bpm。

2. 空间形态感知对于人体生理的影响

在VR虚拟空间进行浸入式空间体验过程中，发现水平方向的空间收缩形态（三角形）和顶部高度方向的空间收缩形态都会引起测试主体生理指征发生较为明显的变化，例如外接圆直径为2m、高4m的圆锥体，有的测试主体心率可以达到110bpm。然而，底面边长为2m、高4m的方形柱体则能够达到最为平缓的生理状态，且空间舒适性的评价也较高（图5.1）。

3. 空间色彩感知对于人体生理的影响

在VR虚拟空间以及在可变微空间实验平台进行浸入式空间体验过程中，均发现在红、橙、黄范围内，测试主体一般都感觉较为兴奋。例如在红色空间中，有的测试主体的心跳能够达到102bpm，且舒适感评价较低。此外，在红、橙、黄三种色彩空间中，比较有意思的是橙色空间，当测试主体从红色空间进入到橙色空间中，心率会出现明显的降低，同时空间的舒适性评价也显著地提升了。对比于空间尺度和空间形态，空间色彩对于人体生理状态的影响和调控都更为便利（图5.2）。

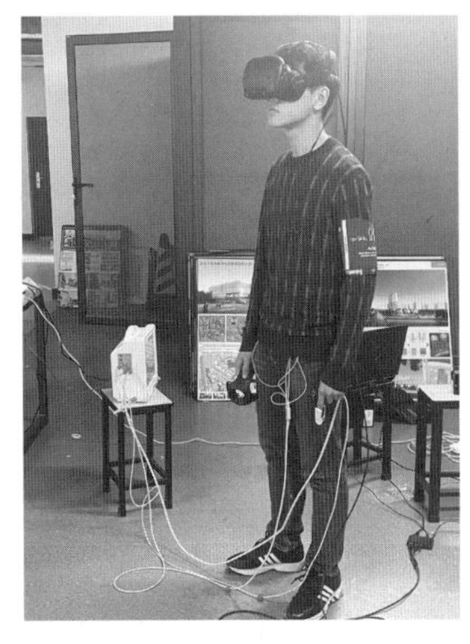

图5.1　人体空间尺度和形态感知生理指征测试

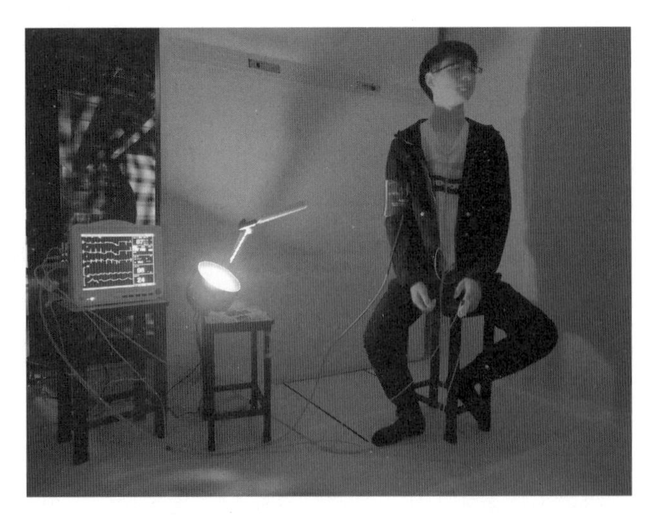

图5.2　人体色彩感知生理指征测试

4. 空间材质感知对于人体生理的影响

在VR虚拟空间进行浸入式空间体验过程中，发现由于测试主体对于空间材质的偏好不同，能够引起生理指征显著变化的材质种类较为分散。其中，玻璃这一材质形成的室内空间舒适性评价较高，且由于玻璃有透明的因素，空间视觉感觉较为有趣，测试主体的生理指征基本都出现了一定的波动，例如有的测试主体在玻璃空间中心跳可以从86bpm升到108bpm，且血压有一定升高。而颜色在VR虚拟空间中较为清淡且有一定肌理纹路的混凝土和砖石材质，空间舒适性评价虽然非常高，但测试主体情绪比较稳定，生理指征基本没有较大幅度的波动。

5.2.2　触觉感知对于人体生理的影响

触觉感知对人体的生理指征的影响来自于微型建筑空间的材质以及周围环境的温湿度等各个方面的因素。建筑空间的冷热等环境条件会极大地影响人体的生理指征，良好的热环境可以让人体十分舒适，恶劣的热环境会对人体产生伤害，甚至导致死亡。就皮肤触碰所能接触到的感知而言，触觉包括所接触物体的冷暖、光洁度、肌理、弹性和硬度等多种信息，这些触碰能引起众多的生理反应，例如出汗、寒战、皮肤受压或摩擦而产生的体感或痛感等。一般情况下，柔软、温暖且有一定弹性的空间触觉环境是比较受使用主体喜爱的，例如地毯、地毡、挂毯及沙发等设备和家具的广泛使用。但由于适用性狭小、清洁困难、不耐久等各方面的限制，空间整体采用柔性触觉界面的做法则很少被采用，而微型建筑空间由于空间狭小，成本低，空间设计自由度大，则成为了触觉环境设计更为广阔的舞台。

5.2.3　嗅觉感知对于人体生理的影响

在可变微型空间实验平台里，梨花木的香气对于室内环境舒适性的改善起到了一定的效果。在大多数的情况下，有香气的环境，测试主体的心率都有了一定的提升，例如有的测试主体在相同的空间中，从无气味到有气味，心跳可以从84bpm升到138bpm（图5.3）。

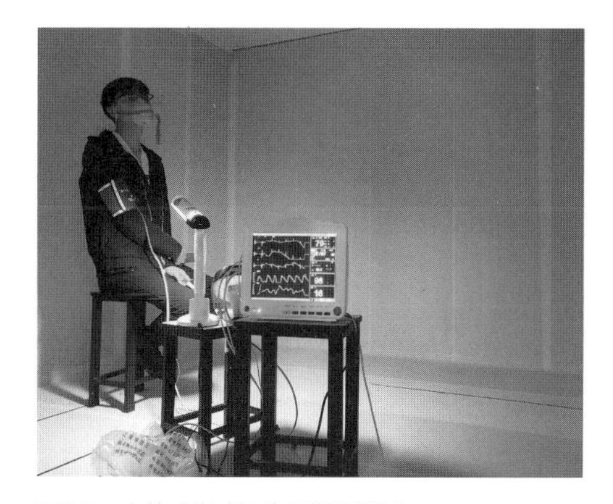

图5.3　人体嗅觉感知生理指征测试

5.2.4 动觉感知对于人体生理的影响

微型建筑空间由于空间狭小，导致对人体动觉会产生各种消极的影响，造成人体的日常行动的限制。人体在狭小空间中急转、碰撞、失衡等都会造成测试主体生理上的不适。而这种由于空间问题直接导致的生理上的不适，会使在空间中的测试主体产生压力或行为习惯发生改变，从而二次影响测试主体的生理指征。例如，行动不便引起焦虑导致的血压上升，或由于空间障碍导致行为迟缓引起的心率降低等。

5.2.5 听觉感知对于人体生理的影响

在可变微空间实验平台中的4种A声级环境下（70dB、75dB、80dB、85dB），85dB（A）的白噪声环境的舒适性下降得非常剧烈，基本达到非常不舒适的状态。引起测试主体的心率和血压都有不同程度的上升。但是，总体上这种生理指征的上升幅度都不太明显，与色彩、形态、嗅觉感知等存在较大的差异性。空间听觉环境在主观感知和客观生理指征的变化上似乎存在较为明显的不匹配情况（图5.4）。

图5.4 人体听觉感知生理指征测试

5.3 微型建筑室内空间对人体的心理影响

视觉感知对于人体的心理影响适合从主观体验上进行研究，也比较方便表述，但由于视觉环境的信息量较大，突出视觉中的某个小类，加强其影响力，则有助于厘清视觉感知对于人体心理影响的内在作用机理。对于这种情况，听觉环境次之、触觉环境和嗅觉环境对应的感知刺激较为单纯，更有利于进行针对性的研究。

5.3.1 视觉感知对于人体心理的影响

1. 空间尺度感知对于人体心理的影响

不同尺度的空间给人的心理感受是有所差异的。在VR虚拟空间进行浸入式空间体验中，测试主体的心理联想词汇在一些尺度的空间中有压抑、局促等，例如在1m×1m×2m（高）的空间中；有的心理联想词汇有束缚且不自由等，例如在1m×1m×8m（高）的空间中；有的心理联想词汇有温馨安全等，例如在2m（长）×2m（宽）×2m（高）的空间中；有的心理联想词汇有开敞自由等，例如在4m×4m×4m（高）的空间中；有的心理联想词汇有诡异刺激等，例如在3m（宽）×15m（长）×2m（高）的空间中。

2. 空间形态感知对于人体心理的影响

不同的空间形态会带给测试主体更为鲜明的心理感受。在VR虚拟空间进行浸入式空间体验中，方柱给人的感觉基本为平静，球体有的测试主体感觉愉悦和放松，有的测试主体则感觉不安，心理感觉差异性较大。四棱锥给人一种最为糟糕的感觉，基本的心理联想词汇不是压抑就是紧张。

3. 空间色彩感知对于人体心理的影响

不同色彩的空间会带给人更为丰富的心理感受。在VR虚拟空间和可变微空间实验平台进行浸入式空间体验中，发现对于彩色空间，测试主体的心理描述词汇比起空间尺度及形态的测试更加丰富，而且不同色彩之间心理描述的差异性极大。例如白色空间的心理联想词汇一般描述为平静、枯燥、明朗等；红色空间的心理联想词汇有压迫、烦躁、不适、心慌、血腥、恐惧等；橙色空间的心理联想词汇为温馨、寥寂、惬意、舒坦、悠闲、温和等；黄色空间的心理联想词汇为轻快、疏离、平静、悠闲、舒适等；蓝色空间的心理联想词汇有平静、犹豫、寂寞、放松、愉悦等；紫色空间的心理联想词汇为平静、快乐、神奇、高贵等。

4. 空间材质感知对于人体心理的影响

空间材质对于人体的心理影响较为复杂，空间材质容易引起测试主体其他感知的联想，例如木质视觉空间环境容易引起测试主体对于木材质感的触觉记忆及松香等木材的嗅觉记忆。在VR虚拟空间进行浸入式空间体验过程中，由于不是真实材质，测试主体更容易受到材质色彩和透明度的影响，在深色空间的心理联想词汇为压抑、孤独、憋闷等。在玻璃空间的心理联想词汇则有愉悦、奇幻、活泼、快乐等。而浅色有纹理的材质空间的心理联想词汇是坚固、安宁、稳定等。

5.3.2　触觉感知对于人体心理的影响

测试主体对于不同材质进行触摸后，进行了心理描述。测试主体对丝绸触摸后的心理感觉有甜美、细腻、精致、高贵等；测试主体对木材触摸后的心理联想词汇有亲切、美丽、踏实、温柔、真实等；测试主体对皮革触摸后的心理联想词汇有烦腻、温暖、虚假等；测试主体对毛毡触摸后的心理联想词汇有粗糙、温暖、丑陋、凌乱等；测试主体对玻璃触摸后的心理联想词汇有细腻、冷漠、纯净、安宁、愉悦等；测试主体对混凝土触摸后的心理联想词汇有粗糙、冷漠、拒绝、沉重等；测试主体对纱触摸后的心理联想词汇有轻薄、飘忽、不确定、神秘、美丽等；测试主体对橡胶触摸后的心理联想词汇有隔离、虚假、冷漠、廉价等；测试主体对塑料泡沫触摸后的心理联想词汇有干燥、粗糙、虚假、不稳定等；测试主体对瓷砖触摸后的心理联想词汇有冷漠、距离、干净、虚假等；测试主体对金属触摸后的心理联想词汇有坚硬、细腻、冷漠、坚强、距离等；测试主体对塑料触摸后的心理联想词汇有轻薄、虚假、不真实、廉价、不稳定等；测试主体对布料触摸后的心理联想词汇有温暖、温柔、贴近、亲昵等。材质触摸后的心理影响一般情况是视觉和触觉同时作用下的一种心理状态，不同的材质会引起完全不同的心理感受，虽然人体对于环境的适应性极强，石材、混凝土、木材、塑料、金属、瓷砖等材料所形成的室内环境都可以供人长期工作与生活，但是这些容易引起负面心理状态的材质空间环境也可能会造成人体长时间的心理压力。

5.3.3 嗅觉感知对于人体心理的影响

空间嗅觉环境对人体的心理指征也存在一定的影响。花梨木、柠檬、桔子、牛奶、玫瑰、薄荷等精油拥有不同的气味，引起的心理感觉差异性较大。测试主体对花梨木气味体验后的心理联想词汇包括湿润、森林、宁静、友好等；测试主体对柠檬气味体验后的心理联想词汇包括清新、纯洁、跳跃、活泼、纯净等；测试主体对桔子气味体验后的心理联想词汇包括温暖、美味、亲切、安心等；测试主体对牛奶气味体验后的心理联想词汇包括亲切、甜腻、温暖、美味等；测试主体对玫瑰气味体验后的心理联想词汇包括馥郁、魅力、尊贵、享受、甜腻、美丽等；测试主体对薄荷气味体验后的心理感觉包括冷静、清新、凝神、清醒、寂寞、孤独、冷寂、悲伤等。不同的嗅觉环境给人的心理影响差异性较大，在测试中发现，过于浓郁的嗅觉环境，测试主体的忍耐程度会急剧下降，出现烦躁甚至暴躁的状态。

5.3.4 动觉感知对于人体心理的影响

人体对于空间环境的需求，对于动觉感知方面的理解需要从更深的层面上去思考与研究。首先，我们一般要考虑空间是否能够提供使用者一个安全、舒适的行动环境，如果这一个环境不能达到这一要求，会对测试主体造成一种挫败、压抑、不自由、想要解脱的心理状态。例如在可变微空间实验平台中进行的1.5m × 1.5m × 2m（高）空间行走测试，测试者就有想迅速脱离该空间的愿望。其次，基于微型建筑空间体验，人体动觉直接关联的体感在不同状态下，能够造成强烈的心理影响，例如摇晃可以使人感觉愉悦、自由、放松、不稳定、危险；升高或坠落会使人感觉危险、刺激、紧张、兴奋等，而并不是传统上理解的空间环境必须稳定才能够让人感觉安全与舒适的这一概念。微型建筑空间会给人的这种动觉需求创造机遇与条件。因为微型建筑空间体量较小，便于进行一些空间动态设计，可以让居于其中的使用主体就如同幼儿可以在母亲轻晃的怀抱中一样摇晃着放松、入睡。

5.3.5　听觉感知对于人体心理的影响

在可变微空间实验平台中的4种A声级环境下（70dB、75dB、80dB、85dB），85dB（A）的白噪声环境舒适性下降得非常剧烈，基本达到非常不舒适的状态。此时，测试主体的心理联想词汇有暴躁、压抑、麻木、忍耐、心烦、痛苦等。即使在70dB（A）的白噪声环境下，测试主体的心理联想词汇也基本都为负面评价，包括无聊、烦躁、无感、麻木、干扰等。

综上所述，建筑空间环境对人体的生理、心理影响错综复杂，各种感知刺激对人体的影响强度、影响机理也各不相同。各种感知刺激可以直接作用于人体，影响人体的生理状态，也可以通过影响人体的心理状态，再引发生理状态的改变。微型建筑空间为通过环境感知来增进空间环境的舒适性带来了新的机遇，主要作用体现在以下三个方面：

1. 微型建筑的感知刺激与生理健康

微型建筑的生理健康需要关注两类感知刺激，一类是作用于人体感知器官，由感知器官直接引起人体的生理反应，即直接生理感知刺激；一类是作用于人体感知器官，主要引起人体心理状态的改变，进而间接引起人体的生理反应，即间接生理感知刺激。

（1）直接生理感知刺激

直接生理感知刺激所造成的生理影响一般在趋于或达到忍耐极限时最为明显，例如极亮或极暗的光环境（视觉）、极热或极冷的热环境（温觉）、极臭或极香的气味环境（嗅觉）、极响或极静的声环境（听觉）、极稳定或极不稳定的建筑空间（动觉）等。这些较为极端或接近极端的物理环境刺激，会对人体感官造成较大的负担，使人体视觉、触觉、嗅觉、听觉、动觉产生障碍、出现过载甚至失灵等负面生理反应。这些生理反应除了体现在感知器官上，例如刺眼、视力模糊、寒颤、出汗、肤痛、刺鼻、耳鸣、耳痛、身体失衡等，还会拓展到心跳、血压、呼吸等各项生理指征上，造成头疼、头晕、心慌、恶心等各种身体不适。直接生理感知刺激如趋于忍耐极限时，由于人体的环境适应能力，在长时间接收相同的刺激后，可能会造成类似“无感”的状态，形成“假性”舒适。但这种“假性”舒适状态可能会造成感知器官的器质性伤害，例如灵敏度下降等，也可能会对人体心理造成过大的压力，产生各种心理问题。因此，直接生理感知刺激应该被重视起来，防止不良空间环境条件对人体健康造成伤害。由于直接生理感知刺激的各项物理参数容易被量化，因此控制起来较为便宜，控制的效果也较好。

（2）间接生理感知刺激

间接生理感知刺激所造成的生理影响一般在心理承受趋于或达到忍耐极限时最为明显，例如红色的空间色彩是能够引起测试主体较强心理反应的一种视觉感知刺激，基本是除了黑色以外最无法忍耐的一种色调。红色由于容易与压迫、烦躁、不适、心慌、血腥、恐惧等多种负面情感相联系，造成测试主体心理上的不适，进而体现在了心跳、血压、呼吸等各项生理指征上。微型建筑空间尺度狭小，产生的拥挤、封闭等负面视觉效果容易造成测试主体心理感觉压抑，进而引起生理上的不适。但是，红色和空间狭小本身并不能够对眼睛等感觉器官造成伤害，所以像环境色彩、材质、空间尺度和形态等感知刺激，都属于间接生理感知刺激。除此之外，粗糙或细腻的不同种类的能够造成心理联想的材质，强烈或温和的不同种类的能够造成心理联想的气味，声强较高或较低的不同种类的能够造成心理联想的音乐，强度较高或较低的能够造成心理联想的空间真实或虚拟运动等，都属于间接生理感知刺激。间接生理感知刺激是人体接受直接心理感知刺激的后续影响，一般无论是正面还是负面的直接心理感知刺激，都会引起人体生理状态的改变，这种改变如果强度太大，也有可能对人体的健康产生威胁，例如大喜、大悲都可能会对身体造成一定的伤害。

2. 微型建筑的感知刺激与心理健康

微型建筑空间的心理健康需要重点关注能够引起心理层面波动较大的感知刺激，但是这些感知刺激引起的情绪波动并不都是消极的。根据多项感知刺激实验研究，发现仅从感知刺激的大类上着手不够精准，能够引起人体心理层面波动较大的感知刺激往往是感知刺激的某一小类，或小小类。例如空间环境的某种色彩、空间的某种尺度、空间的某种形态、某种音乐、某种歌曲、某种频率的噪声等。嗅觉和触觉要相对简单一些，嗅觉也有香、臭等不同种类的气体大类，分为花草香、香料香、水果香、各种食品的香味等，以及大类中细化的小类，如松香、花梨木、薄荷、檀香、乳香、桔子、柠檬、糕点、牛奶等香气。触觉也有一些受欢迎和极其不受欢迎的刺激，容易引起心理上舒适的包括丝滑、温润、柔软等，容易引起心理上极度不适的包括湿滑、油腻、尖利等触感。在建筑空间中，感知刺激引起测试主体产生心理波动的能力还与测试主体的生活经历、文化教育以及性格特点等有紧密联系。因此，在建筑空间中进行心理感知刺激的设计与调整时，还应适当对居住主体的个人背景和心理健康状态有所了解，使微型建筑空间与使用主体的个性特征、个人经历等更加契合，例如有的使用主体对于某种颜色有强烈的喜好，在建筑空间的色彩设计上可以适当引入这种色调。

3. 基于人体生理与心理特点的动态性感知需求

前面的人体感知研究，都是基于测试主体的一种常态化研究。即测试主体都是身体健康、心理健康、保持日常工作状态来进行测试的。但是，人体一天中的生理状态是有规律性变化的，一直处于工作、休憩交替进行的状态。人体在工作时，明亮的空间、令人振奋的咖啡香气等可能会比较受到欢迎。人体要暂时休憩或即将入睡时，昏暗的灯光、清雅的茉莉花香、轻荡的摇椅可能会比较受到欢迎。另外，人体一天中的心理状态也是有规律性变化的，早晨可能会比较紧张，因为有一天的工作需要完成，一曲令人振奋欢乐的音乐可能是一针受欢迎的“强心剂”；晚上完成一天的工作后，精神会比较放松，一首舒缓温暖的歌曲可以令心情变得愉悦。除了人体在一天中生理与心理存在着规律性的变化，人体在一年的不同时期（春、夏、秋、冬），女性在其生理周期、孕期和产后等，都存在着一定程度的生理和心理方面的规律性变化。因此，建筑空间对于人体的感知刺激应该随着使用主体需求的变化而变化。

第 6 章 微型建筑概念性设计与实践

黄蜂认为邻蜂储蜜之巢太小，他的邻人要他去建筑一个更小的。

——泰戈尔

微型建筑狭小的空间对于空间感知设计既是挑战也是机遇。狭小的空间可能会引起人体的各种负面感知，但是狭小的空间也可以成为发挥使用主体能动性的一个易于操作的平台。我们可以按照一些规则去灵活调整我们的居室，我们也可以不按照这些既有规则去创造性地调整我们的居室。通过微型建筑空间设计，我们可以了解如何创造一种微型建筑室内空间，让空间给使用主体充分的自由，而这种自由是普通空间一般无法企及的。

6.1 微型建筑感知设计理论

6.1.1 单一感知层面的设计方法与技术

单一感知层面的设计可以在一定程度上改善微型建筑空间的缺陷问题，或使之进一步优化，使使用主体达到一定的生理和心理的舒适性。这种设计一般具有强烈的指向性，可以针对建筑室内空间的某种缺陷，或使用主体的某些生理和心理的需求，采用在解决这些问题上效果显著的一些感知刺激来进行空间布置，包括能够直接产生积极效果的感知刺激，能够有效屏蔽某些负面感知或者干扰某些负面感知接收的感知刺激等。

1. 微型建筑空间可以在视觉感知层面提升人体生理和心理的舒适性

空间的视觉感知设计首先要达到生理方面的舒适性，生理方面的需求并不是一成不变的，有偶发性和周期性的特点。例如在以往的研究中发现，光线即使比较暗也可以达到比较高的舒适性评价，因为有时使用主体需要休息放松，较暗的空间环境比明亮的空间环境可能更受欢迎①。其次，心理层面的需求往往也是一种动态化需求，也同样存在着偶发性和周期性的特点。因此，空间视觉感知设计如果能够达到动态化，则更贴合人性。生理和心理状态除了在时间线上存在的偶发性和规律性特点，其规律性还与空间上的功能分区密切相关，例如在就餐区域呈现与促进食欲相关的色彩和画面，在睡眠区域呈现促进情绪平静的色彩和画面等，都可以起到良好的心理调剂与舒缓的作用，使建筑空间达到一定的舒适性。

微型建筑空间的视觉压抑性等问题，可以依靠空间色彩、形态、层次等这些视觉感知效果较为强烈的感知刺激设计来缓解这一问题，具体操作可以直接对空间实体进行设计取得需要的真实的感知刺激，也可以借助虚拟仿真等技术取得需要的虚拟的感知刺激。例如色调和层次可以采用涂料、壁纸、灯光、镜面安装等较低的成本实施于实体空间中，而空间形态一方面可以借助立体画等低成本的错视技术来实现所需要的视觉空间形态，另一方面也可以采用成本较高的虚拟仿真技术来实现。

2. 微型建筑空间可以在触觉感知层面提升人体生理和心理的舒适性

微型建筑空间的触觉敏感性等问题，可以结合当地气候条件和使用主体的个人喜好，设置特定的空间围护结构及室内内容物（家具设施等）的材质与形状，具体操作可以直接对应于空间实体进行设计。由于人体生理和心理状态有偶发性和周期性的特点，

① C. Cuttle. Towards the third stage of the lighting profession[J]. Lighting Research and Technology, 2010(42): 73-93.

可以结合空间利用上的功能分区，对于不同功能区域采用不同的材质处理及表面温度处理技术，提高人体肌肤的舒适度，进而促进人体生理和心理的舒适性。

3. 微型建筑空间可以在嗅觉感知层面提升人体生理和心理的舒适性

微型建筑空间的嗅觉敏感性等问题，可以结合使用主体的喜好，考虑人体生理和心理状态有偶发性和周期性的特点，结合空间的功能分区进行分区嗅觉环境设计。例如将能够产生负面气味的功能区域加强与其他空间区域的隔离，并设置通风、排烟等措施。对于一些休憩空间区域，可以利用一些令人感到舒缓的花草香、香料香等来营造良好的环境氛围。咖啡和烘焙的这种不刺激，不容易令人起腻的香味可以让就餐区充满吸引力。有些嗅觉环境的嗅源本身就含有令人体放松或兴奋的物质，可以“无形”中调整人体的生理状态，进而对心理也能够产生一定的影响。

4. 微型建筑空间可以在动觉感知层面提升人体生理和心理的舒适性

微型建筑空间从空间设计角度来解决各种动觉感知障碍问题，需要从两个层面来进行：一个是静态的“适应”式设计，利用人体行为生成空间或采用柔性界面，解决或缓解微型建筑空间中人体行为的障碍问题。一个是动态的提优式设计，建筑室内空间不再是静态的，可以提供一定程度的晃动等动态设计，使人体动觉产生有规律的变化，从而使身体各个部位得到生理上的放松乃至心理上的抚慰。利用人体行为生成空间的设计方法可以分为两种：

（1）模块化“适应”式设计

模块化“适应”式设计，首先需要进行人体静态与动态的行为空间捕捉，生成线性与非线性的建筑空间模块，再生成线性与非线性建筑空间组合模块，最后再将空间组合模块进行分区组织，形成微型建筑空间单元。模块化“适应”式设计的目标就是得到适应人体的空间，尽量使使用主体的动作行为较少地受到由于空间狭小而导致的各种障碍。通过模块化“适应”式设计，能够使空间虽小却“通”。模块化“适应”式设计，与传统意义上的户型设计完全不同，无论是其设计流程，还是微型建筑空间特有的空间组织模式，从某些方面而言，都更加人性化，更加尊重使用主体的运动行为方式和个性化心理及生理特点。

（2）自由化“自适应”式设计

自由化“自适应”式设计与模块化“适应”式设计的目标一致，但设计程序完全不同。自由化“自适应”式设计是将设计与空间体验二合一，不同于有意识地去设计塑造空间形体，这种方法利用空间构造设施，可以将使用主体的运动行为直接作用于空间形体的生成，让使用主体直接“住”出空间形态。在空间生成的过程中没有任何的规则限制，一切以使用者的意愿和个性化心理、生理特点为核心，直至使用者满意，最后定型，因此称之为“自适应”。

5. 微型建筑空间可以在听觉感知层面提升人体生理和心理的舒适性

微型建筑空间的狭小，需要多种感知设计来缓解其所带来的各种负面影响。其中听觉感知设计具有一定的独特性。一方面，听觉感知对于人体心理层面的影响较大，较高声级的噪声会使人不堪其扰，严重影响人体的正常心理状态，破坏日常工作和休憩。另一方面，不同的音乐类型，以及同一类型不同曲调的音乐也能够快速引起人体丰富的情感共鸣，而这也是一般意义上的感知设计（除绘画、动态剧情等视觉表述外）所不能比拟的。容易引起情感共鸣的听觉感知可以有效屏蔽其他负面感知，使使用主体对于狭小空间的压抑感等具有较高的忍耐力，例如迷你KTV等，使用者更关注于音响设备的效果和自身的歌唱行为，狭小空间所引起的不适被最大限度地忽略了。此外，容易引起情感共鸣的听觉感知也可以在整体上提升建筑空间环境的舒适性。

听觉感知的设计问题，可以结合使用主体的喜好，考虑人体生理和心理状态有偶发性和周期性的特点，结合空间的功能分区进行分区感应声场的环境设计，来减弱微型建筑空间造成的负面感知所带来的负面生理及心理影响。例如将存在负面声场的功能区域加强吸声、隔声屏蔽等措施；对于一些休憩空间区域，可以利用一些居住者喜爱的令人感到舒缓的音乐来营造良好的环境氛围；当使用主体处于不良的心理或生理状态时，设置宁静或温暖轻柔的音乐声环境，可能有利于舒缓心情或得到一定程度的心理抚慰；此外，在听觉感知设计中，应避免出现逆向情绪声环境，即完全与使用主体相反情绪的音乐环境，可能会导致心理状态的不适，甚至会起到相反的效果，再次加强使用主体的负面情绪，例如一个非常悲伤的人，进入一个非常欢乐的音乐环境当中，可能会加剧他的悲伤情绪。

6.1.2 多重感知层面的设计

微型建筑空间可以利用感知的相互影响原理在整体上改善微型建筑空间的缺陷问题。根据室内空间环境的特点，结合使用主体的个性喜好、人生经历和生理、心理状况乃至经济条件，选择性地采用多重感知的超加性、抑制性、联觉、一致性和屏蔽等理论，形成室内空间多重感知层次体系。实际上，任何的建筑室内空间都是存在着多项感知刺激的，空间使用主体无时无刻不处于多重感知的影响下。多重感知刺激设计，首先应将室内现存的感知刺激进行分类，甄别不同种类的感知刺激里存在的正面刺激和负面刺激，以及其所存在的强度和去除负面刺激的可行性。可选择利用多重感知的超加性，强化或添加正面感知刺激，消除感知缺位所造成的抑制性，调整多重感知的一致性，达到整体环境优化的效果。对于期望添加的正面感知，如受到物质或经济条件的限制，不好添加时，可以选择虚拟感知刺激或能够引起联觉的特定感知刺激，通过联觉添加所需要的感知刺激。对于不好去除的负面感知刺激，可以采用屏蔽方法，加强某种正面感知或多重正面感知体系的强度，提升使用主体对于正面感知的关注力，从而降低负面感知的存在感，进而削弱负面感知刺激对人体的影响。但是，有一些感知刺激达到强度极限时，这些多重感知的设计手段的作用也是有限的，例如恶臭、高声强的噪声、极寒或极热的环境温度、极亮的光环境等。这些高强度的负面感知刺激一般为直接生理感知刺激，它们即使得到削弱，使之不太能够引起注意，但也有极高的风险使正常的生理机能遭受到损害。

6.2 自适应性微型建筑设计

微型建筑由于建筑面积极小，人的活动范围受到限制，各种人体行为均可能会出现障碍。因此，对于这类极限空间的结构和形态优化问题，有必要提出一套科学合理的设计和组合方法，例如将家具设施整合至建筑设计之中，使空间结构能随同使用主体意愿随时成型和灵活调整，最大限度满足使用主体的使用要求及生活舒适性。我们提出一种自适应性微型建筑，在微型建筑的相对两面侧墙中采用双层中空墙体结构，墙体结构中固定安装平行于地面的伸缩杆①。墙体内侧开设若干孔洞，伸缩杆可由对应孔洞中伸出，根据用户需要抽拔可伸缩杆来生成各种家具，如床、柜、桌、凳等，从而将家具设施整合至建筑设计之中，使内部空间形态能随同使用主体意愿随时生成。其中前墙上的伸缩杆与后墙上的伸缩杆相对端部之间应留有间隙。伸缩杆所在的双层中空墙体上的室内表面敷设高弹性防水面料，高弹性防水面料的周边设置在对应的墙体上，高弹性防水面料在对应每个伸缩杆部位打孔，并在每个孔洞部位用金属箍件在高弹性防水面料两侧扣紧孔洞的周边部位进行面料局部部位的加强；使用固定扣件连接高弹性防水面料的每个孔洞处的金属箍件，将金属箍件固定在每个伸缩杆的端部位置；当伸缩杆采用各种伸缩方式时，伸缩杆顶部包裹的高弹性防水面料与伸缩杆一起张开形成各种形态家具的台面（凳子、桌子、床等）、竖向隔墙、挡壁、楼梯等（图6.1～图6.4）。

① 陈星，刘义．一种伸缩杆式微型建筑结构及其组合方法：中国，109025370B[P]．2020.

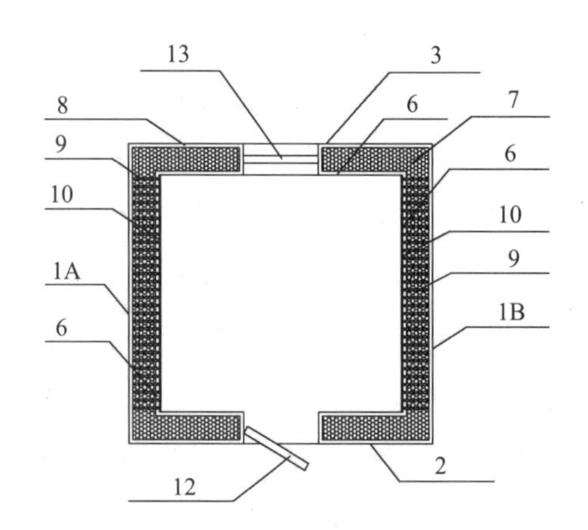

图6.1 自适应性微型建筑平面图

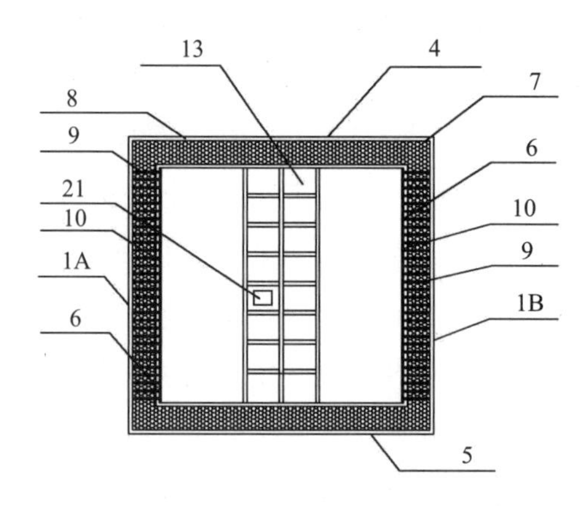

图6.2 自适应性微型建筑横剖面图

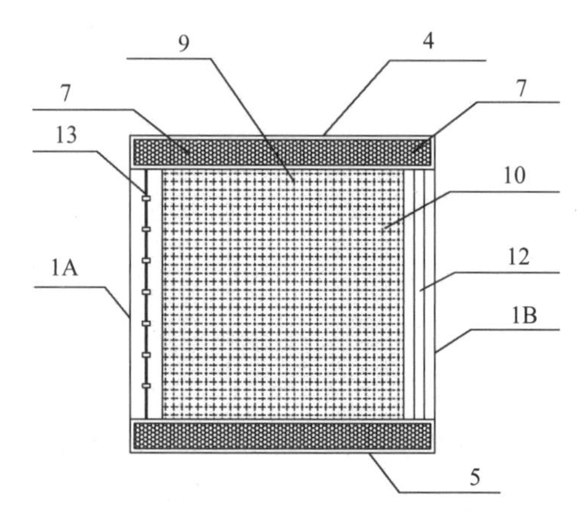

图6.3 自适应性微型建筑纵剖面图

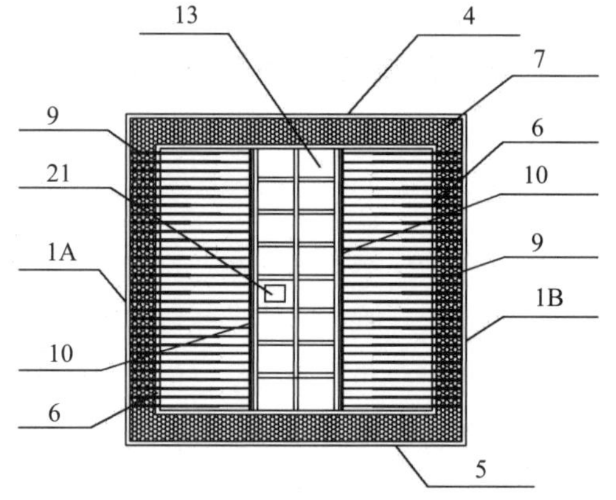

图6.4 自适应性微型建筑伸缩杆全伸横剖面图

1侧墙，1A第一侧墙，1B第二侧墙；2前墙；3后墙；4屋顶；5地面；6内层墙体；7保温层；8外层墙体；9伸缩杆；10高弹性防水层；12外门；13外窗；21总控。

这种自由化“自适应”式设计，可以使困扰人体行动的空间障碍有效地依据使用主体的活动特点得到改善，甚至可以得到解决。例如那种每天都要被床脚碰到好几次的问题，就可以通过这种使用主体来推动空间生成的方式得到有效根治。这种自适应性微型建筑可以适用于拥有各种行为习惯的使用主体，理论上可以生成无限种室内空间形态。这些空间形态可以是线性的，也可以是非线性的。其中有两个经典方案，可以适合于一般使用主体的需求。

自适应性微型建筑方案1的室内空间是由第一家具组、第二家具组、隔墙、第三家具组、第四家具组共同组成。第一家具组包括工作台面，第一置物搁板与第二置物搁板。第一置物搁板和第二置物搁板的宽度比工作台面略窄，提供方便用户就坐和靠近站立时搁置膝腿部的空间。第二家具组包括第三置物搁板、第四置物搁板、第五置物搁板、第六置物搁板和第七置物搁板。第三置物搁板、第四置物搁板、第五置物搁板和第六置物搁板宽度一致，第七置物搁板的宽度略小，可使用户在使用工作台面时，头部不会撞击第七置物搁板。隔墙将左侧侧墙的空间分成两个区域，靠窗一侧为工作学习区，靠门一侧为烹饪区。在工作学习区的工作台面为书桌。在烹饪区的工作台面为料理台。第三家具组包括第一床板和脚凳。第一床板贴近外窗，脚凳设置在床尾，靠近外门。脚凳的宽度与床板宽度一致，高度比第一床板略低。第四家具组包括第八置物搁板、第九置物搁板和第十置物搁板。第八置物搁板、第九置物搁板和第十置物搁板的宽度相同，比第一床板的宽度略窄，避免用户站在第一床板边侧时，撞击到第八置物搁板、第九置物搁板和第十置物搁板。总之，这一方案满足了一人居室所需要的工作、休憩、烹饪的功能，并可以在日常的生活中按照自己的行为习惯和生理特征，逐步地调整和完善，例如调整踏步、桌面、床体的高度、平面尺寸、平面形态和基本定位，消除家具设施的棱角等。使使用主体不至于因行走、转身等肢体动作，因空间狭小造成视觉盲点或因为距离过近来不及反应而造成身体上的磕碰和撞击（图6.5、图6.6）。

自适应性微型建筑方案2的一边侧墙的布置与方案1的方式相同。另一侧墙的下部和上部分别由第五家具组、第六家具组组成。第五家具组，包括第二床板和第三床板。第二床板在第三床板的上方，宽度略小于第三床板，避免用户站在第三床板边侧时，撞击

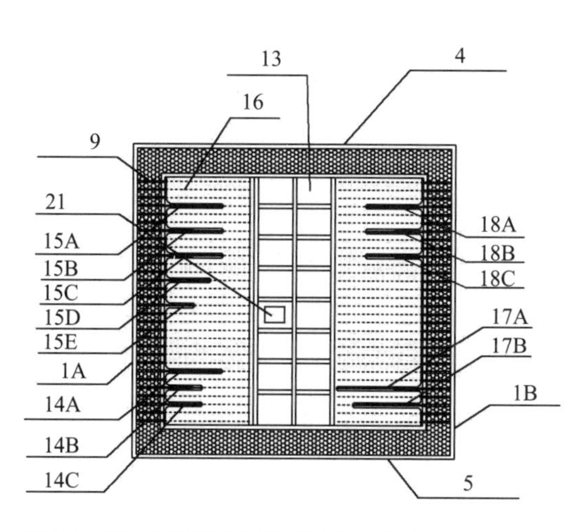

图6.5　自适应性微型建筑方案1横剖面图

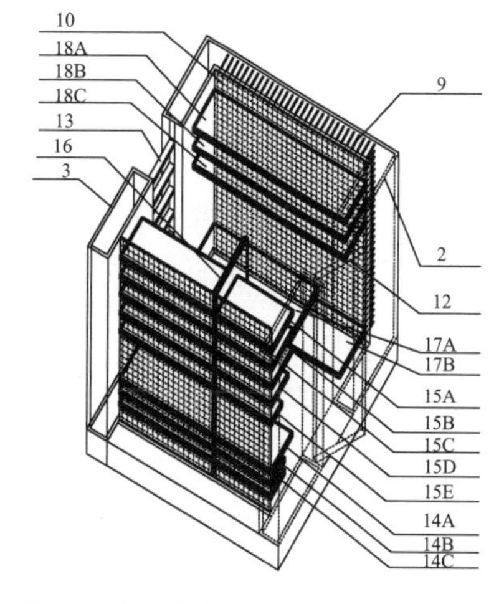

图6.6　自适应性微型建筑方案1轴测图

1侧墙，1A第一侧墙，1B第二侧墙；2前墙；3后墙；4屋顶；5地面；9伸缩杆；10高弹性防水层；12外门；13外窗；14第一家具组，14A工作台面，14B第一置物搁板，14C第二置物搁板；15第二家具组，15A第三置物搁板，15B第四置物搁板，15C第五置物搁板，15D第六置物搁板，15E第七置物搁板；16隔墙；17第三家具组，17A第一床板，17B脚凳；18第四家具组，18A第八置物搁板，18B第九置物搁板，18C第十置物搁板；21总控。

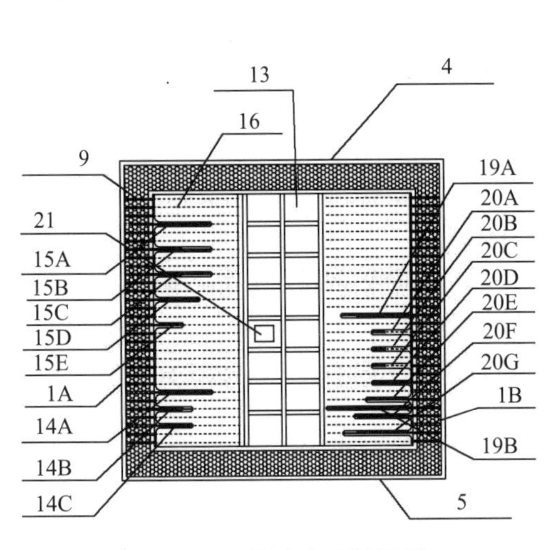

图6.7　自适应性微型建筑方案2横剖面图

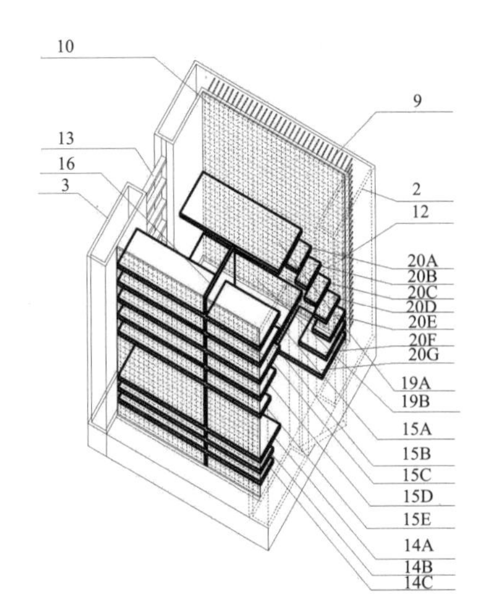

图6.8　自适应性微型建筑方案2轴测图

1侧墙，1A第一侧墙，1B第二侧墙；2前墙；3后墙；4屋顶；5地面；9伸缩杆；10高弹性防水层；12外门；13外窗；14第一家具组，14A工作台面，14B第一置物搁板，14C第二置物搁板；15第二家具组，15A第三置物搁板，15B第四置物搁板，15C第五置物搁板，15D第六置物搁板，15E第七置物搁板；16隔墙；19第五家具组，19A第二床板，19B第三床板；20第六家具组，20A第一踏步，20B第二踏步，20C第三踏步，20D第四踏步，20E第五踏步，20F第六踏步，20G第七踏步；21总控。

到第二床板。在第二床板的下方，是第六家具组，包括第一踏步、第二踏步、第三踏步、第四踏步、第五踏步、第六踏步和第七踏步。第一踏步、第二踏步、第三踏步、第四踏步和第五踏步，由第二床板靠门一侧的端部沿侧墙由高往低设置，长宽相同。第六踏步在第五踏步的下方，长宽均大于第五踏步，整个踏步形成的楼梯在此转向，楼梯由沿墙行走的方向转成垂直墙面行走的方向。第七踏步在第六踏步的下方，长宽均大于第六踏步。这一方案满足了二人居室所需要的工作、休憩、烹饪的功能，并可以在日常的生活中按照自己的行为习惯和生理特征，逐步地调整和完善（图6.7、图6.8）。

这两个方案，一个是一人使用，一个是二人使用。自适应性微型建筑在进行空间变化时，既可以由使用主体随机“住”出空间格局，也可以设置总控记忆装置，储存推荐户型，或存储住户思维的灵感，在需要时开启总控，自动生成所需要的空间及其中的内容物（家具设施）。自适应性微型建筑是微型建筑因为小所以“能”，因为小所以“优”的代表性产物。

6.3　采用通用构件的可变微型建筑设计、实践与空间体验

对于建筑面积在20m^{2}以下的微型居室，由于居室面积极小，传统的矩形房间分隔

体系容易造成一些极小空间无法利用等问题，从而使居住的舒适性更为降低；且由于居室空间狭小、刻板并很难考虑到人体行为等各方面因素的设计方法，往往使居住人员的活动范围和具体的肢体行为受到限制，从而造成行为障碍；由于这些微型居室一般仅为矩形的居住空间而无任何的家具设施，一般都需要进行家具设备的二次装备才能入住，且装备一般都较差并与空间较难契合，因此人员居住的舒适性较差；此外，由于居室基本是一次成型，很难依据居住人员的需求来进行户型方面的调整。

6.3.1 动态圆住宅

动态圆住宅就是针对现有小户型居室结构存在房间形态以矩形空间为主，不考虑人体形态及行为所造成的居住人员活动范围受限及肢体动作受到障碍等不足，提出的一种由人体双臂伸展并旋转所生成的圆形空间所连接、穿插与叠合的微型居室——一种由圆形空间组合而成的通用微型建筑[①]。动态圆住宅的房间被划分成若干个主要由圆形、半圆形、扇形以及它们所共同组合成的空间，并将睡眠、烹饪、工作、学习、进餐、盥洗等各项生活功能整合进这些空间里，尽可能减少空间浪费。动态圆住宅能够尽可能有效利用所有空间，充分满足居住人员在居室进行各项活动时身体与肢体运动所需要的空间，使各种动作顺畅，尽可能减小行动障碍，避免肢体碰撞，最大限度满足居住人员活动的通畅性和舒适性。动态圆住宅还能依据居住人员的需要来进行户型方面的调整，调整步骤简单，易于操作，不需要专业的技术人员。该通用微型居室的板架通用结构，方便敷设地板、吊顶、搁架和台面，且适应各种该通用微型居室结构所划分生成的由圆形、半圆形、扇形以及它们所共同组合成的空间，建筑不需要后期添置家具就可以立即投入使用。

动态圆住宅由上顶板通用结构和下底板通用结构组成，并在钢制格栅板上设置有两个圆形和四个半圆形的钢制导轨槽，钢制导轨槽内部装置有钢制导轨和转向承载滑座。所有圆形和半圆形的钢制导轨槽的内侧直径和槽宽均完全相同，钢制导轨槽内侧直径均为2.2m，符合人体双臂伸展并旋转所生成的最大圆形空间直径。两个圆形导轨槽位于作为上顶板通用结构或下底板通用结构的钢制格栅板中央位置，两个圆形钢制导轨槽上下垂直叠合，每个圆形钢制导轨槽均通过与之叠合的另一个圆形钢制导轨槽的圆心位置。两个圆形钢制导轨槽两侧均连接两个叠合的半圆形钢制导轨槽，每个半圆形钢制导轨槽均通过与之叠合的另一个半圆形钢制导轨槽的圆心位置。两个圆形和四个半圆形的钢制导轨槽彼此连通。

① 陈星，刘义．一种由圆形空间组合而成的通用微型居室组合方法：中国，107191009A[P]．2017.

上顶板通用结构的两个圆形及四个半圆形钢制导轨槽和下底板通用结构的两个圆形与四个半圆形钢制导轨槽彼此之间上下对应。上下钢制导轨槽中安装有钢制导轨，钢制导轨上装有转向承载滑座，转向承载滑座上固定有可弯曲隔板，用来分隔居室的空间，由此可根据居住人员的需要来进行户型方面的调整，并使居室分隔后的空间符合人肢体伸展所需要的空间。

板架通用结构面板的平面分别为六种平面形态：一种是以圆形或半圆形钢制导轨槽外侧与对应的外接正方形一角之间构成的近似三角形的形体（第一板架通用结构）；一种是以圆形或半圆形钢制导轨槽外侧与对应的外接正方形一角之间构成的近似三角形的形体，且对一角做了切角处理（第二板架通用结构）；一种是圆形或半圆形导轨槽内侧的1/4圆（第三板架通用结构）；一种是两个叠合的半圆形钢制导轨槽在叠合处的1/4圆，减掉叠合区域所形成的近似三角形的形体（第四板架通用结构）；一种是两个半圆形钢制导轨槽叠合区域生成的形体（第五板架通用结构）；一种是两个半圆形或圆形钢制导轨槽叠合区域外侧凹陷处生成的三角形体（第六板架通用结构）。每个板架通用结构的面板转角处都进行倒圆角处理。每个板架通用结构的面板均根据要求安装不同长度的支架，成为台面、床面、地板和天花等，支架可插入钢制格栅板结构的格栅中固定。相同板架通用结构能够在垂直方向层叠设置，用作置物搁板。

动态圆住宅方案1的室内空间，一侧墙体中部为门，门的左侧为烹饪空间，右侧为储藏空间。烹饪空间前方为半圆形的盥洗室。门的正前方为主体是圆形的交通空间，该交通空间右侧为矩形的就寝空间，该交通空间相对门的一端为半圆形的工作空间。工作空间和盥洗室的围护隔墙为圆弧形可移动隔墙。工作空间两侧和盥洗室靠墙体的三角区域为储藏空间（图6.9、图6.10）。

动态圆住宅方案2的室内空间，一侧墙体角部为门，门的正前方为主体为半圆形和1/4圆形等组成的交通空间，交通空间左前方紧邻半圆形的盥洗室，交通空间右侧为主体为半圆形的烹饪空间，交通空间右前方为圆形就寝空间，烹饪空间正前方为主体为1/4圆的交通空间，该交通空间的正前方为工作空间。工作空间、就寝空间和盥洗室的围护隔墙为圆弧形可移动隔墙。就寝空间和盥洗室靠墙体的三角区域为储藏空间（图6.11、图6.12）。

动态圆住宅方案3的室内空间，一侧墙体角部为门，门的正前方为主体为1/4圆形的交通空间，交通空间的正前方为主体为半圆形的烹饪空间。门的右侧为圆形的就寝空间，就寝空间的正前方为主体为半圆形的交通空间，交通空间的右前方为第二工作空间。就寝空间的右侧为第一工作空间，第一工作空间的正前方为主体为1/4圆形的交通空间，该交通空间的正前方为半圆形的盥洗室。工作空间、就寝空间和盥洗室的围护隔

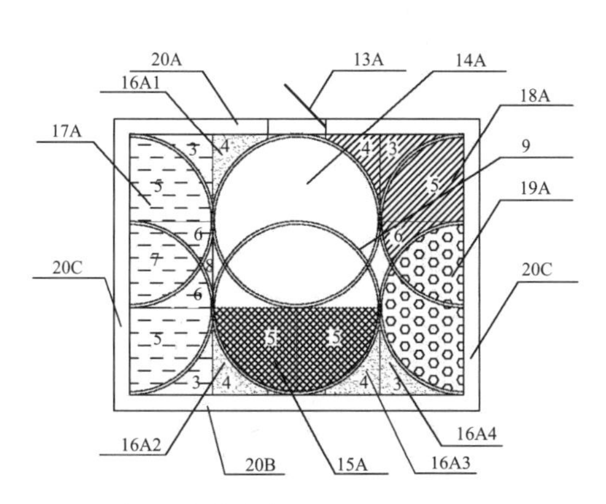

图6.9　动态圆住宅方案1平面图

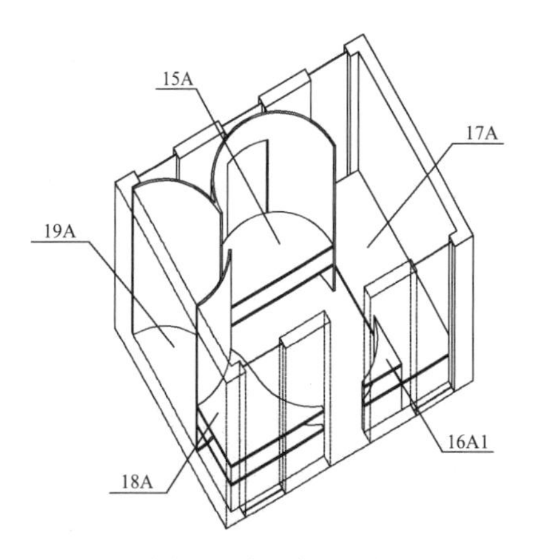

图6.10　动态圆住宅方案1轴测图

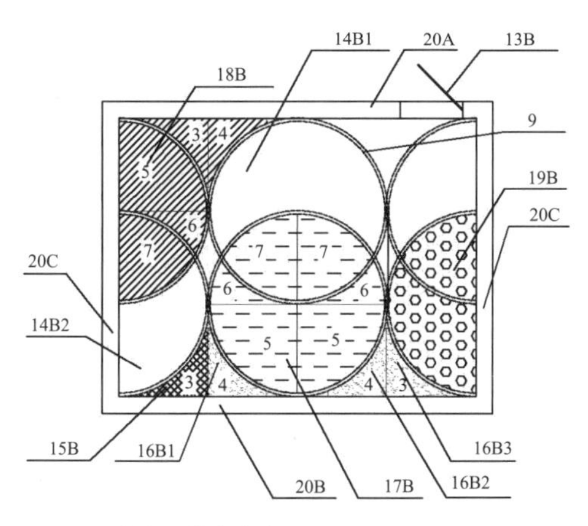

图6.11　动态圆住宅方案2平面图

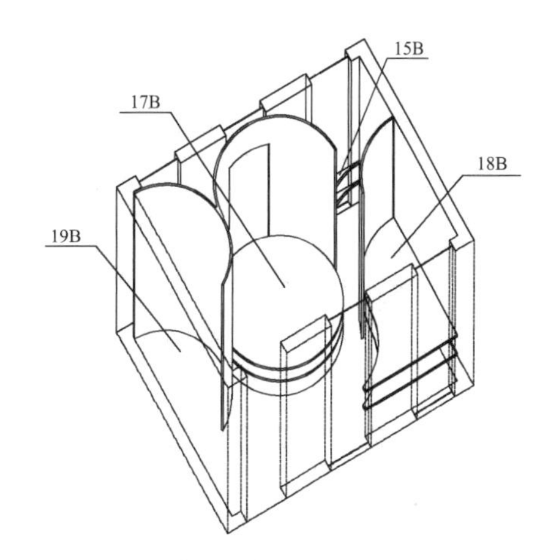

图6.12　动态圆住宅方案2轴测图

3第一板架通用结构；4第二板架通用结构；5第三板架通用结构；6第四板架通用结构；7第五板架通用结构；8第六板架通用结构；9钢制导轨；13户门，13A第一通用微型居室户型的户门，13B第二通用微型居室户型的户门；14交通区域，14A第一通用微型居室户型的交通区域；14B1第二通用微型居室户型的第一交通区域，14B2第二通用微型居室户型的第二交通区域；15工作间，15A第一通用微型居室户型的工作间；15B第二通用微型居室户型的工作间；16储藏间，16A1第一通用微型居室户型的第一储藏间，16A2第一通用微型居室户型的第二储藏间；16A3第一通用微型居室户型的第三储藏间，16A4第一通用微型居室户型的第四储藏间；16B1第二通用微型居室户型的第一储藏间，16B2第二通用微型居室户型的第二储藏间，16B3第二通用微型居室户型的第三储藏间；17就寝间，17A第一通用微型居室户型的就寝间；17B第二通用微型居室户型的就寝间；18烹饪间，18A第一通用微型居室户型的烹饪间；18B第二通用微型居室户型的烹饪间；19盥洗间，19A第一通用微型居室户型的盥洗间；19B第二通用微型居室户型的盥洗间；20围护墙体，20A前墙通用结构，20B后墙通用结构，20C侧墙。

墙为圆弧形可移动隔墙。盥洗室靠墙体的一侧，圆形的就寝空间靠墙体的三角区域为储藏空间（图6.13、图6.14）。

动态圆住宅方案4的室内空间，一侧墙体中部为门，门的正前方为主体为半圆形的交通空间，交通空间的正前方为圆形的盥洗室。该交通空间的右侧为矩形的就寝空间。交

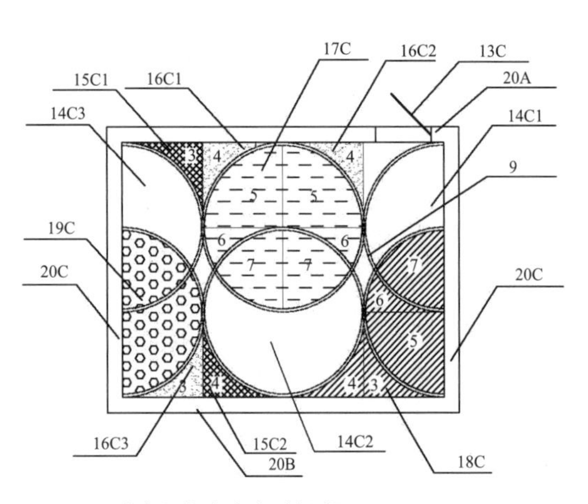

图6.13 动态圆住宅方案3轴测图

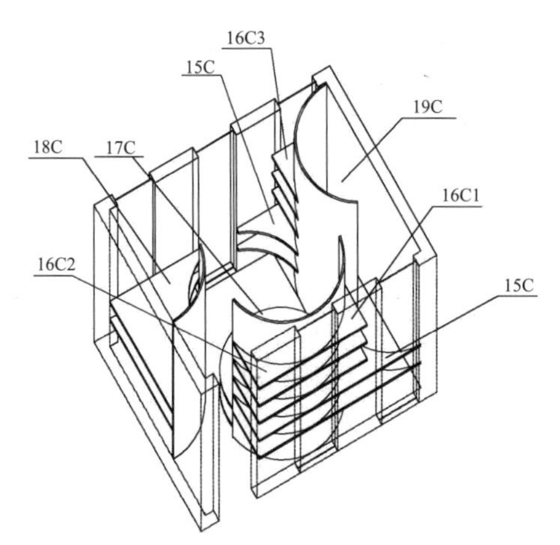

图6.14 动态圆住宅方案3轴测图

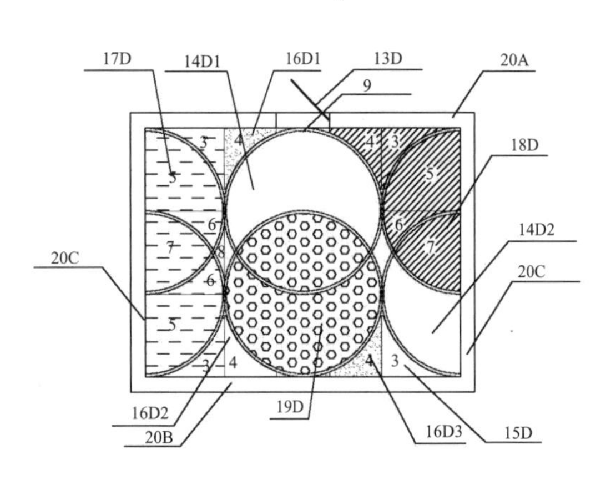

图6.15 动态圆住宅方案4轴测图

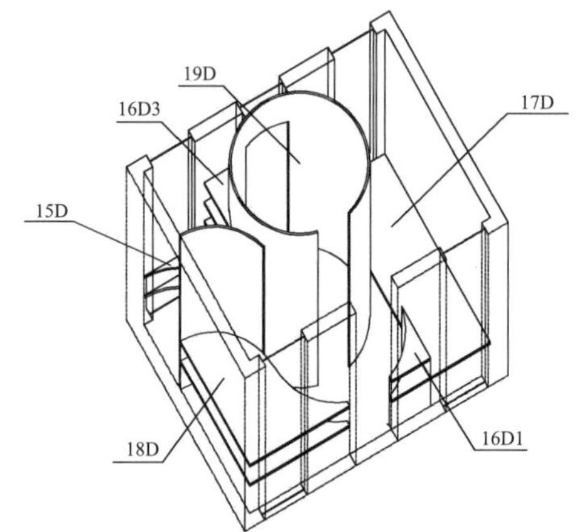

图6.16 动态圆住宅方案4轴测图

3第一板架通用结构；4第二板架通用结构；5第三板架通用结构；6第四板架通用结构；7第五板架通用结构；8第六板架通用结构；9钢制导轨；13户门，13C第三通用微型居室户型的户门，13D第四通用微型居室户型的户门；14交通区域，14C1第三通用微型居室户型的第一交通区域，14C2第三通用微型居室户型的第二交通区域，14C3第三通用微型居室户型的第三交通区域；14D1第四通用微型居室户型的第一交通区域，14D2第四通用微型居室户型的第二交通区域；15工作间，15C1第三通用微型居室户型的第一工作间，15C2第三通用微型居室户型的第二工作间；15D第四通用微型居室户型的工作间；16储藏间，16C1第三通用微型居室户型的第一储藏间，16C2第三通用微型居室户型的第二储藏间，16C3第三通用微型居室户型的第三储藏间；16D1第四通用微型居室户型的第一储藏间，16D2第四通用微型居室户型的第二储藏间，16D3第四通用微型居室户型的第三储藏间；17就寝间，17C第三通用微型居室户型的就寝间；17D第四通用微型居室户型的就寝间；18烹饪间，18C第三通用微型居室户型的烹饪间；18D第四通用微型居室户型的烹饪间；19盥洗间，19C第三通用微型居室户型的盥洗间；19D第四通用微型居室户型的盥洗间；20围护墙体，20A前墙通用结构，20B后墙通用结构，20C侧墙。

通空间的左侧为主体为半圆形的烹饪空间。烹饪空间的正前方为1/4圆形的交通空间，该交通空间的正前方为工作空间。工作空间、就寝空间和盥洗室的围护隔墙为圆弧形可移动隔墙。盥洗室和半圆形的交通空间靠墙体的三角区域为储藏空间（图6.15、图6.16）。

这四个方案，可以在动态圆住宅里依据使用主体的意愿，推动弧形可移动隔墙和安装不同种类和高度的板架通用结构来实现，形成实用美观的曲线型空间。动态圆住宅方案1有半圆形较大的工作案台和居中的较大圆形交通空间，动态圆住宅方案2拥有较大的圆形床体，动态圆住宅方案3拥有较大的圆形床体，且交通空间对称展开，动态圆住宅方案4有较大的圆形盥洗室。这四个方案各不相同，但却也有很多类似的空间，如形状相似或相同的烹饪空间，相同的矩形就寝空间，相同的圆形就寝空间，相同的半圆形盥洗室等。除此之外，还可以依据使用主体的意愿，采用相同的模块构建，生成其他具有不同功能类型的居住、工作、烹饪、娱乐等微型建筑室内空间。

6.3.2　动态方住宅

动态方住宅针对现有小型居室结构存在自重较大，安装及运输都不是非常方便，有些建筑材料二次利用率低，并不利于节能与低碳，且这些建筑一般仅能形成矩形的居住空间而无任何的家具设施，人员居住的舒适性很差，空间使用效率和建筑使用效果不稳定等问题，提出一种采用依附在结构顶板和结构底板表面的由四个同一单元结构彼此贴临的拼接系统结构、三种不同平面形式的纸质通用构件、可弯曲承重纸质墙体和纸质门窗拼装形成的纸质动态方住宅。动态方住宅的拼接系统结构由四个相同的单元结构组成，单元结构为矩形，矩形长度方向的设置有两个彼此相对的半圆形条形凹槽，两个半圆形条形凹槽距离单元结构端部的长度不同。拼接系统结构的四个相同单元结构彼此贴临，且相邻单元结构首尾对调。除单元结构内部的半圆形条形凹槽外，整个拼接系统结构的四边以及相邻单元结构之间的结合处也设置有直线形条形凹槽。建筑室内主要由圆形、矩形以及它们所共同组合成的空间组成，并将睡眠、烹饪、工作、学习、进餐、盥洗等各项生活功能整合进这些空间里，尽可能减少空间浪费。动态方住宅为纸质结构，造价低廉、易于生产、自重轻、安装方便快捷、易于降解、环保低碳。动态方住宅结构拥有配套的三种不同平面的纸质通用构件，方便敷设地板和台面或直接作为活动家具，且适应各种临时性小型建筑单元结构所划分生成的由圆形、矩形以及它们所共同组合成的空间，建筑基本不需要后期添置家具就可以立即投入使用。动态方住宅能够有效利用所有空间，最大限度满足使用人员使用需求和活动的通畅性和舒适性。动态方住宅还能依据使用人员的需要来进行户型方面的调整，调整步骤简单，易于操作，不需要专业的技术人员。

动态方住宅的具体做法：结构顶板和结构底板相同，结构顶板和结构底板上的拼接系统上下对称设置，包括四周的直线条形凹槽围成的矩形框架。矩形框架内设有三

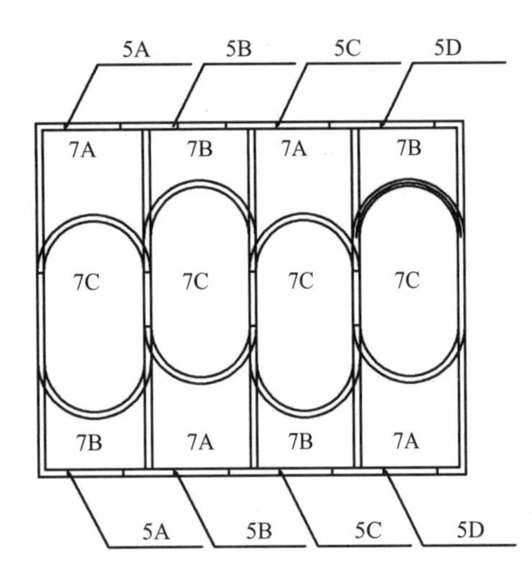

图6.17　结构底板（顶板）顶部平面图

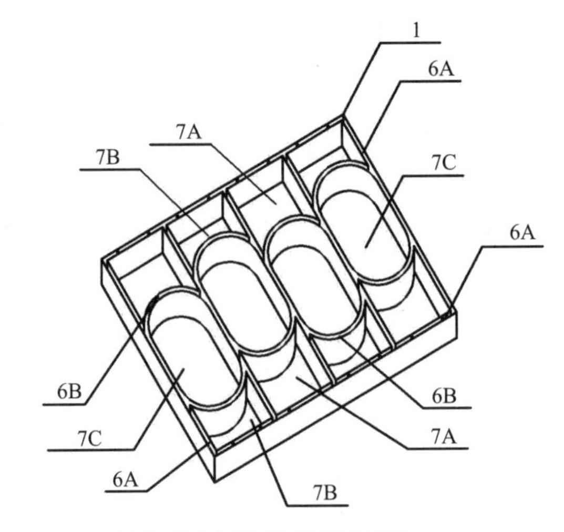

图6.18　结构底板（顶板）顶部轴测图

1结构顶板（结构底板）；5单元结构，5A第一单元结构，5B第二单元结构，5C第三单元结构，5D第四单元结构；6条形凹槽，6A直线条形凹槽，6B半圆形条形凹槽；7凹槽，7A第一凹槽，7B第二凹槽，7C第三凹槽。

个直线条形凹槽，直线条形凹槽将框架分成四个相同的矩形单元结构，每个单元结构内沿长度方向设置两个彼此开口相对的半圆形条形凹槽，两个半圆形条形凹槽距离对应的单元结构的对应端部的长度不同。结构顶板和结构底板，都为夹带钢片加固的纸质蜂窝板结构。直线条形凹槽与圆弧状条形凹槽均具有相同的深度和宽度；条形凹槽周边由薄钢片加固，薄钢片嵌入结构顶板和结构底板的纸质蜂窝板结构内；条形凹槽的槽内除在需要安置门窗的部位用薄钢片间隔开来，其余部分彼此连通（图6.17、图6.18）。

动态方住宅方案1的室内空间，该户型拼接系统结构的框架分为按顺序排开的四个相同的矩形单元结构。第一单元结构的第一凹槽贴临前墙，第二凹槽、第三凹槽和第二单元结构的第一凹槽区域为交通区，由对应的纸质通用构件组成交通区的地板；第一单元结构的第一凹槽区域为工作间，由纸质通用构件组成的工作台面所占据，工作台面可作为书案工作台或烹饪料理台。第二单元结构的第二凹槽和第三凹槽区域为隔间，由对应的纸质通用构件组成隔间的地板，隔间为独立的房间，内部可添置需要的由纸质通用构件组成的台面和移动家具，可作为盥洗间、储藏间或其他功能的空间。前墙、后墙、侧墙、隔墙位于结构顶板和结构底板的拼接系统条形凹槽内。第一单元结构和第二单元结构之间的区域设置作为隔间出入口的门洞（图6.19、图6.20）。

动态方住宅方案2的室内空间，第二单元结构的第三凹槽区域、第三单元结构的第二凹槽和第三凹槽区域为交通区，由对应的纸质通用构件组成交通区的地板；第一单元

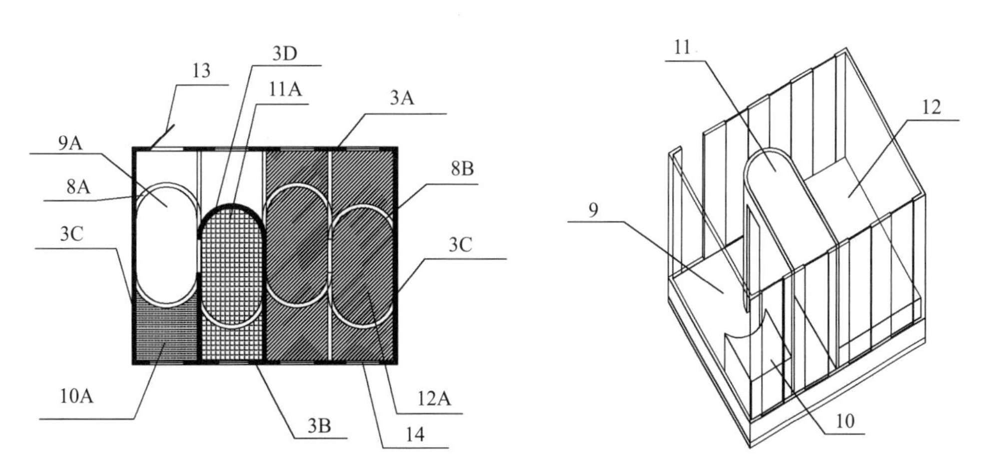

图6.19　动态方住宅方案1的平面图　　图6.20　动态方住宅方案1的轴测图

3可弯曲承重纸质墙体，3A前墙，3B后墙，3C侧墙，3D隔墙；8嵌缝构件，8A第一嵌缝构件，8B第二嵌缝构件；9交通区，9A第一户型交通区；10工作间，10A第一户型工作间；11隔间，11A第一户型隔间；12就寝间，12A第一户型就寝间；14窗。

结构的第一凹槽区域和第二单元结构的第二凹槽区域为第一工作间，由对应的纸质通用构件组成的工作台面所占据。第二单元结构的第一凹槽区域为第二工作间，由纸质通用构组成的工作台面所占据。第三单元结构的第一凹槽区域为第三工作间，由纸质通用构件组成的工作台面所占据；第一单元结构的第二凹槽区域和第三凹槽区域为隔间，由对应的纸质通用构件组成隔间的地板；第四单元结构区域为就寝间，由对应的纸质通用构件组成的床体台面所占据。

动态方住宅方案2的第一工作间的台面较大，可作为烹饪料理台，第二工作间的台面可作为书案工作台，第三工作间的台面可作为床头柜。就寝间的床体台面包含一个单元结构区域，可搁置标准900mm宽度的标准床垫。隔间为独立的房间，内部可添置需要的由纸质通用构件组成的台面和移动家具，可作为盥洗间、储藏间或其他功能的空间（图6.21、图6.22）。

动态方住宅方案3的室内空间，第一单元结构的第二凹槽和第三凹槽区域、第二单元结构的第一凹槽区域、第三单元结构的第二凹槽和第三凹槽区域为交通区，由对应的纸质通用构件组成交通区的地板；第一单元结构的第一凹槽区域为第一工作间，由对应的纸质通用构件组成的工作台面所占据；第三单元结构的第一凹槽区域为第二工作间，由对应的纸质通用构件组成的工作台面所占据；第二单元结构的第二凹槽和第三凹槽区域为隔间，由对应的纸质通用构件组成隔间的地板；第四单元结构区域为就寝间，由对应的纸质通用构件组成的床体台面所占据。

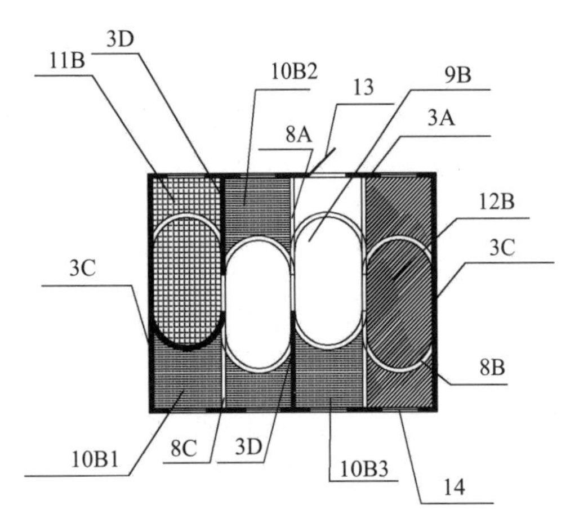

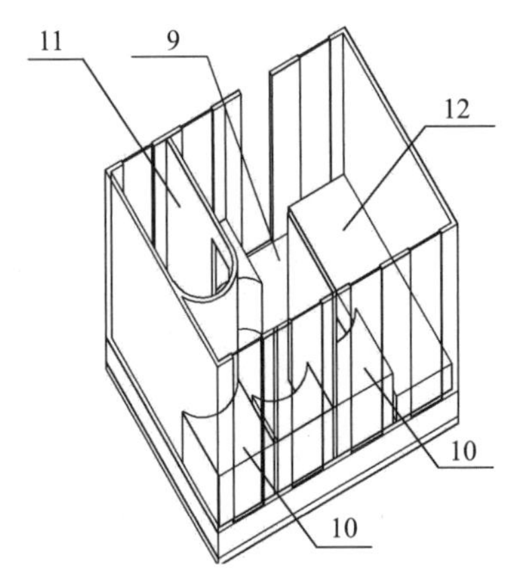

图6.21　动态方住宅方案2的平面图　　　　图6.22　动态方住宅方案2的轴测图

3可弯曲承重纸质墙体，3A前墙，3C侧墙，3D隔墙；8嵌缝构件，8A第一嵌缝构件，8B第二嵌缝构件，8C第三嵌缝构件；9交通区，9B第二户型交通区；10工作间，10B第二户型工作间，10B1第二户型第一工作间，10B2第二户型第二工作间，10B3第二户型第三工作间；11隔间，11B第二户型隔间；12就寝间，12B第二户型就寝间；13户门；14窗。

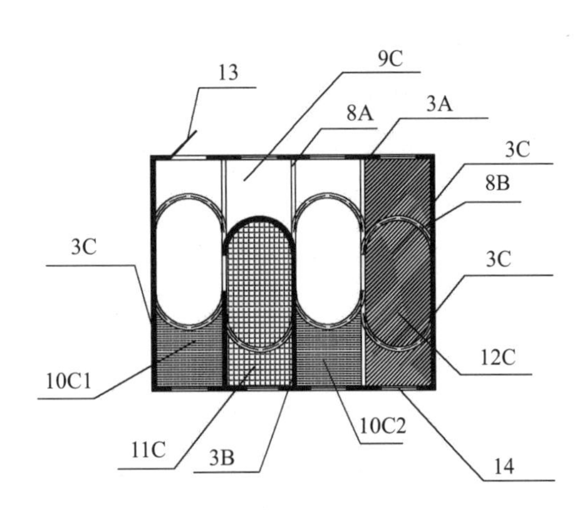

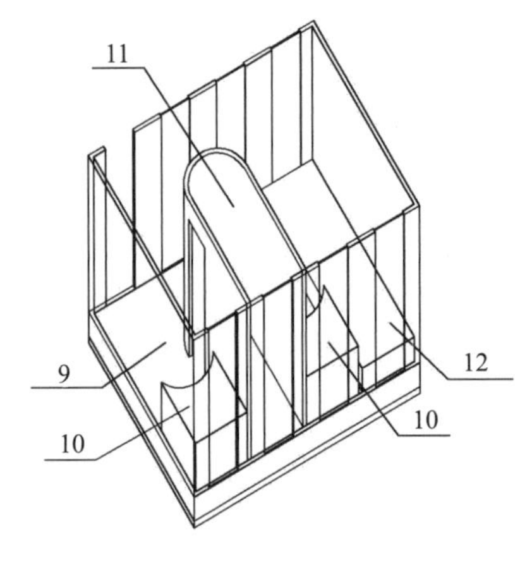

图6.23　动态方住宅方案3的平面图　　　　图6.24　动态方住宅方案3的轴测图

3可弯曲承重纸质墙体，3A前墙，3B后墙，3C侧墙；8嵌缝构件，8A第一嵌缝构件，8B第二嵌缝构件；9交通区，9C第三户型交通区；10工作间，10C第三户型工作间，10C1第三户型第一工作间，10C2第三户型第二工作间；11隔间，11C第三户型隔间；12就寝间，12C第三户型就寝间；13户门；14窗。

第一工作间的台面可作为书案工作台或烹饪料理台，第二工作间的台面可作为床头柜。就寝间的床体台面包含一个单元结构区域，可在由纸质通用构件组合的床体台面上搁置标准900mm宽度的标准床垫。隔间为独立的房间，内部可添置需要的由纸质通用构件组成的台面和移动家具，可作为盥洗间、储藏间或其他功能的空间（图6.23、图6.24）。

动态方住宅方案4的室内空间，第一单元结构的第二凹槽和第三凹槽区域为第一交通区，由对应的纸质通用构件组成第一交通区的地板；第二单元结构的第二凹槽和第三凹槽区域为第二交通区，由对应的纸质通用构件组成第二交通区的地板；第三单元结构的第二凹槽和第三凹槽区域为第三交通区，由对应的纸质通用构件组成第三交通区的地板；第一单元结构的第一凹槽区域为第一工作间，由纸质通用构件组成的工作台面所占据；第二单元结构的第一凹槽区域为第二工作间，由纸质通用构件组成的工作台面所占据；第三单元结构的第一凹槽区域为第三工作间，由纸质通用构件组成的工作台面所占据；第四单元结构区域为就寝间，由对应的纸质通用构件组成的床体台面所占据。

第一工作间、第二工作间和第三工作间的台面可作为书案工作台或烹饪料理台。就寝间的床体台面包含一个单元结构区域，可在由纸质通用构件组合的床体台面上搁置标准900mm宽度的标准床垫（图6.25、图6.26）。

这四个方案中，方案1和3拥有相同的隔间，方案2和4都拥有相同的床体单元和案台单元，都可以做到简单的功能分区，可供1人、双人或多人使用。动态方住宅方案1拥有较大的双人就寝间，动态方住宅方案2拥有较大的烹饪料理台，动态方住宅方案3拥有较大的交通区域，动态方住宅方案4拥有较多的隔间。除此之外，还可以依据使用主体的意愿，采用相同的模块构建、生成其他不同类型的居住、工作、娱乐、烹饪等微型建筑室内功能空间。

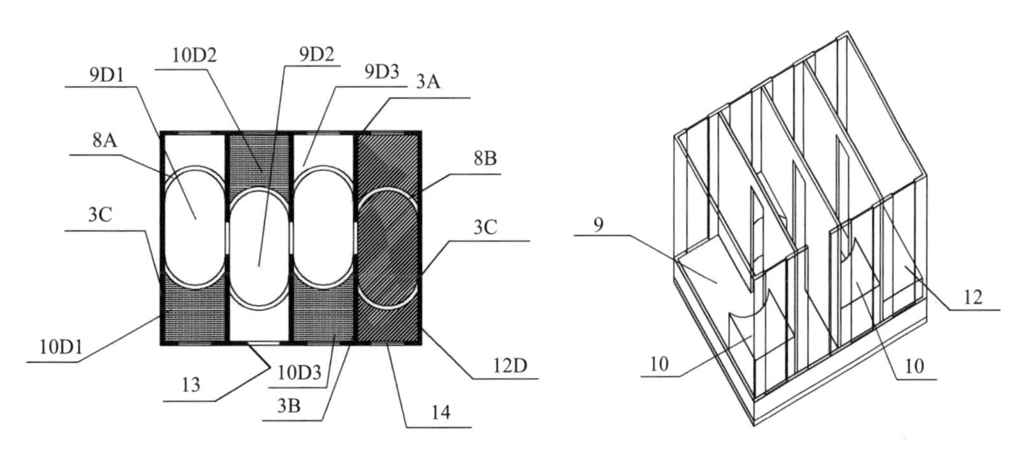

图6.25　动态方住宅方案4的平面图　　图6.26　动态方住宅方案4的轴测图

3可弯曲承重纸质墙体，3A前墙，3B后墙，3C侧墙；8嵌缝构件，8A第一嵌缝构件，8B第二嵌缝构件；9交通区，9D第四户型交通区，9D1第四户型第一交通区，9D2第四户型第二交通区，9D3第四户型第三交通区；10工作间，10D第四户型工作间，10D1第四户型第一工作间，10D2第四户型第二工作间，10D3第四户型第三工作间；12就寝间，12D第四户型就寝间；13户门；14窗。

6.3.3 动态三角住宅微型建筑

动态三角住宅采用底板通用结构、顶板通用结构、隔板通用结构和支撑通用结构建造而成；支撑通用结构包括至少有三种类型的纸质圆管，分别为插接圆管、填充圆管和可调长度圆管；底板通用结构、顶板通用结构、隔板通用结构的一侧表面开设有若干个不贯通的圆孔；底板通用结构、顶板通用结构及隔板通用结构上的圆孔相对应，以便支撑通用结构的相应纸质圆管能够插接在对应的圆孔中；圆孔径向边缘两侧均各开设有一个条缝；底板通用结构、顶板通用结构和隔板通用结构内部设有卡槽用于固定插接圆管和可调长度圆管。

插接圆管两端分别设置有径向贯穿插接圆管且与条缝相匹配的柱形凸起，插接圆管下端通过柱形凸起插接在底板通用结构上，插接圆管上端通过柱形凸起插接在顶板通用结构或底板通用结构上；插接后旋转一个角度，使得柱形凸起和条缝之间错开位置，实现插接圆管的固定。填充圆管位于插接圆管之间，可调长度圆管之间或插接圆管和可调长度圆管之间，用于填充圆管之间的缝隙。可调长度圆管上下两端与插接圆管结构相同，可调长度圆管在高度方向上分成上下两段设置，两段之间采用插接连接，并在插接部位以插销相连，插销孔有上下两个可变位置使圆管具有伸长状态和收缩状态两种工作状态；在插接圆管与顶板通用结构安装时，采用伸长状态，可调长度圆管顶起顶板通用结构，以便安装插接圆管，并使得插接圆管上下插接后可转动一个角度，从而使柱形凸起卡在卡槽内；插接圆管安装完成后，拔出插销并使得可调长度圆管处于收缩状态，再将插销插入对应销孔，此时，顶板通用结构搁置在全部或部分插接圆管上端，可调长度圆管上端不受力且可转动角度。

可调长度圆管和插接圆管采用旋转锁扣的相互插接的方式连接形成临时性建筑的外墙、内墙及家具，附加外门通用结构、内门通用结构及窗通用结构，可形成不同平面形态、不同建筑面积并可根据用户的需要自主设计的临时建筑。可灵活安装隔墙，灵活调整室内的家居布置，具有非常高的实用价值。其成本低廉、结构简单、施工便易、适用性广，具有较高的市场实施的可行性，经济效益良好（图6.27、图6.28）。

动态三角住宅方案1的建筑空间，呈直角等腰三角形，两个直角边为3m，面积为4.5m^2。由位于直角区域的双人就寝区、位于45° 角部区域且贴临就寝区的工作区（就餐区）、位于另一45° 角部区域的如厕区和烹饪区。入口区位于直角等腰三角形斜边的中部。就寝区全部设置由插接圆管、填充圆管形成的床体家具结构，可以放置双人床垫。工作区（就餐区）为由插接圆管、填充圆管形成的可放置转角台面的结构。床与台面的转角处有一个由插接圆管、填充圆管形成的矩形座椅台面。如厕区与就寝区设置隔

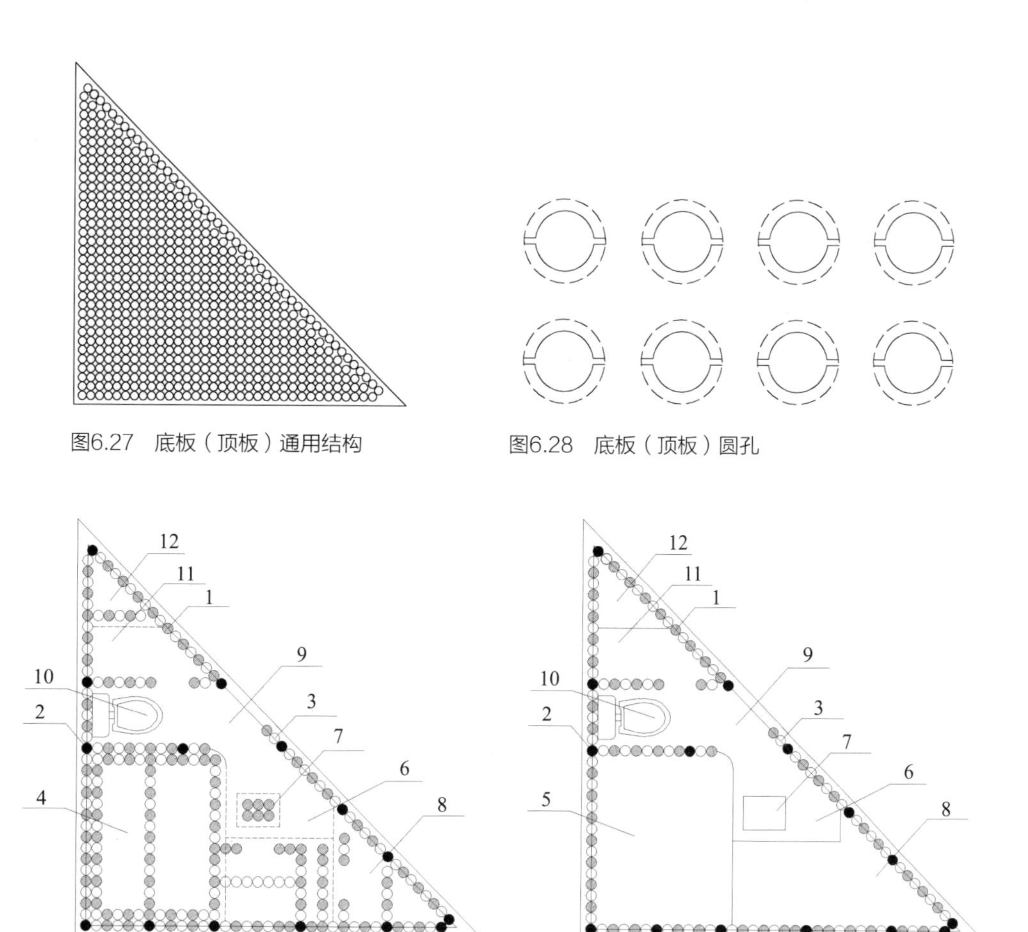

图6.27　底板（顶板）通用结构

图6.28　底板（顶板）圆孔

图6.29　方案1结构

图6.30　方案1平面图

1插接圆管；2调长度圆管；3填充圆管；4就寝区；5床；6工作区（就餐区）；7座椅；8工作或就餐案台；9入口区；10如厕区；11烹饪区；12橱柜案台。

墙，如厕区与烹饪区之间设置有隔墙，如厕区可以放置马桶。烹饪区的端部为由插接圆管、填充圆管形成的可放置三角形烹饪台面的结构（图6.29～图6.32）。

动态三角住宅方案2的建筑空间呈直角等腰三角形，两个直角边为3m，面积为4.5m^2。由位于直角区域的就寝区、位于45°角部区域且贴临就寝区的烹饪区、位于另一45°角部区域的如厕区和工作区（就餐区）组成。入口区位于直角等腰三角形斜边的中部。就寝区由插接圆管、填充圆管形成床体家具结构，可以放置单人床垫，就寝区沿床的长边有供人行走的区域。工作区（就餐区）为由插接圆管、填充圆管形成的可放置圆形台面的结构。烹饪区的端部为由插接圆管、填充圆管形成的可放置矩形烹饪台面的结构。烹饪区与就寝区之间设置有隔墙，如厕区与就寝区及工作区（就餐区）之间设置隔墙，如厕区可以放置马桶（图6.33、图6.34）。

图6.31　方案1室内（局部调整）

图6.32　方案1室外（局部调整）

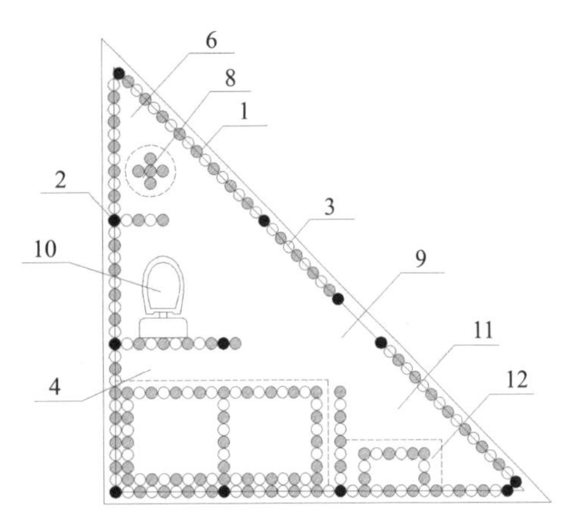

图6.33　方案2结构

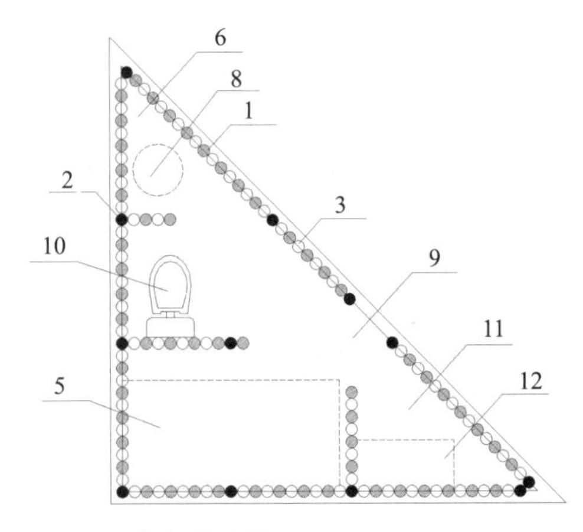

图6.34　方案2平面图

1插接圆管；2调长度圆管；3填充圆管；4就寝区；5床；6工作区（就餐区）；8工作或就餐案台；9入口区；10如厕区；11烹饪区；12橱柜案台。

动态三角住宅方案1拥有可以安置双人的就寝区和较大的转角工作案台。动态三角住宅方案2拥有较为小巧的圆形工作案台和较大的活动区域。动态三角住宅在拥有可调长度圆管的前提条件下，可以随时调整隔墙，进而调整户型设计和家具的位置。

基于前期胶囊公寓调研和4m^{2}线性微型建筑空间单元及通用构件的可变微型建筑设计，搭建1：1示范性三角住宅微型建筑。选择多位志愿者在其中进行空间体验，针对材质及肌理问题进行了深度访谈和问卷调研。测试者普遍对于纸质的建筑材质感到满意，其触感着手温滑又不十分坚硬，可以随意地放心地触碰、依靠，也不会遭受过冷、过热或撞击疼痛等负面反馈，基本赞同并欢迎其作为一种近人的建筑空间围护结构的材料。其次，光洁圆柱排列形成的竖向线条，在狭小空间中很受欢迎，一方面竖向线条在一定程度上缓解了空间狭小逼仄的感觉，另一方面也在很大程度上满足了微型建筑空间中人们对于空间围护材料和肌理等敏感性较强、要求更高的心理需求（图6.35～图6.43）。

图6.35　方案2动态三角住宅外观

图6.36　方案2门、窗

图6.37　方案2橱柜案台

图6.38　方案2动态三角住宅外观

图6.39　方案2就寝区

图6.40　方案2窗及工作或就餐案台

图6.41　方案2窗及工作或就餐案台

图6.42　方案2窗及单人床

图6.43　方案2橱柜案台与床

6.4 行为空间模块线性微型建筑实践与空间体验

基于前期胶囊公寓调研和$4m^2$线性微型建筑空间单元设计，搭建1∶1示范性微建筑。建筑结构主要为现代榫卯结构，敷设有保温材料。建筑面积为$4.4m^2$，建筑层高为2.3m，开间为2.2m，进深为2.0m，总容积为$10.12m^3$。建筑内部进行了厨房、卫浴、就寝和工作的功能分区，搭设了木质书桌、床体、橱柜、置物架和吊柜等家具设施，可以满足单人居住的基本生活需要（图6.44～图6.46）。该建筑比起胶囊公寓进行了多方面改善：

（1）材质改善。基于前期胶囊公寓调研提出的“触觉”所涉及的材料问题，建筑围护结构采用打磨光滑的木质结构，触感具有一定的弹性且温度感觉较好，长时间接触也不会产生令人不适的热感。床垫和家具软包的部分柔软且富有弹性。

（2）通风与采光。建筑采用自然采光，设置两个窗户，一个位于就寝与工作区，一个位于卫浴区。改善了前期胶囊公寓调研发现的采光方式、室内温度、气味和空气含氧量等问题。

（3）空间尺度与行为适应性。建筑空间尺度增大，人体可以在室内进行日常生活的基本活动，例如站立、行走、坐卧、下蹲和弯腰等。

（4）空间形态。室内为立方体，室内隔墙、家具等设施均进行曲线和倒角设计，形式变化丰富。

以自身体验进行总结，经过深度访谈，发现存在如下主要问题：

（1）声音——听觉。测试者行走时，对脚踏木地板和身体摩擦家具设备等的声音所产生的主观感觉较强，实际仅有59～67dB（A），长期在室内活动易产生烦躁感。

（2）热环境——触觉。在不开启空调时，测试者感觉夏季比较闷热，冬季尚可。

（3）采光——视觉。采用单面自然采光，测试者感觉室内照度不太均匀，有些部位

图6.44　$4m^2$线性微型居室空间单元外观

图6.45　$4m^2$线性微型居室空间单元内景

图6.46　$4m^2$线性微型居室空间单元空间体验

过于昏暗（最亮处4483lx，最暗处21lx）。

（4）空间尺度与行为适应性——动觉。测试者感觉内部空间复杂，行走时经常有障碍感和磕碰情况，测试者需要将步速放慢以适应空间。

（5）情绪异化。测试者有轻微抑郁、烦躁等情绪变化。

综上所述，在示范性微建筑中，居住者的某些感知舒适性得到了一定改善，但是由于在狭小空间中人体的感知更为细腻和敏感，仍然出现了一些在普通建筑空间中较少出现的问题。例如，在实际声级不高的情况下，居住者仍然会被日常噪声所干扰，产生负面情绪；居住者对示范性微建筑热环境的感知与普通建筑的室内热环境感知相比有明显的特殊性；居住者对室内光线的不均匀性等问题也非常关注，这种情况与普通建筑的室内光环境相比有明显的特殊性；居住者对室内行动的自由性等问题也非常关注，虽然示范性微建筑的实际空间尺寸比胶囊公寓略大，但正因为空间束缚的力度降低造成人体行为在种类和数量上急剧增加，使该空间中人体行动的顺畅性产生更多的问题。

6.5　行为空间模块非线性微型建筑实践与空间体验

基于$4m^2$线性微型建筑空间单元设计与实践和$6m^2$非线性微型建筑空间单元设计，搭建1∶1示范性非线性微型建筑空间单元实体（图6.47）。示范性建筑层高为2.2m，

（a）室内空间

（b）室外空间

（c）室内空间

（d）室内空间

图6.47　$6m^2$ 非线性微型建筑空间单元实体

开间3.0m，进深2.0m，室内面积仅为6.0m^2。室内布置淋浴间、就寝区、烹饪区、工作区，拥有吊柜、橱柜、置物架和隔墙等家具设施，且空间内的家具设施均为非线性形态，并进行了倒角处理。

1∶1示范性非线性微型建筑空间单元实体是对于人体动态行为生成三维非线性空间的一种积极探索。选择多位志愿者在其中进行空间体验，测试主体对于室内4个主要生活区域和1个交通区域分别进行了为时20 min的生活实践。测试时，每位测试主体分别在这5部分空间中进行各种基本行为活动模拟，包括上下床、卧躺、脱衣、洗头、洗澡、穿衣、烹饪、洗碗、上网、阅读和清洁等。实验后，针对行为空间接触性体验舒适性和倚靠冲动对所测试的多位测试者发放问卷，问卷采用李克特量表，发现空间接触性体验舒适度值在就寝区为3.61，淋浴间为3.87，烹饪区为3.56，工作区为3.12，交通区为3.44，总体评价为3.52（图6.48）。

根据测试观察并结合深度访谈，就寝区在上下床和坐卧时所触碰的部位主要集中在臂肘、手部、头部、臀部、肩部、背部、手臂外侧、腿部后侧和外侧、脚跟等部位。其中倚靠部位集中在肩部、背部、臂肘、手臂外侧和腿部外侧等，人体必须要倚靠床体和空间围护结构来进行一些基本的行为动作。淋浴间的触碰部位主要集中在手部、背部、臂肘、肩侧、下臂、小腿、臀部和脚等部位。其中倚靠部位集中在手部、肩部和背部，淋浴时倚靠意愿强烈。烹饪区的触碰部位主要集中在手部、脚部、小腿、腹部、大腿、胯侧和膝盖等部位。其中倚靠部位集中在腹部，烹饪时倚靠意愿也较为强烈。工作区的触碰部位主要集中在手部、臂肘、下臂、胸腹部、臀部、小腿、脚部和膝盖等部位。其中倚靠部位主要集中在胸腹部且倚靠意愿强烈。交通区的触碰部位主要集中在下臂侧、小腿、脚部和手部等处（图6.49）。

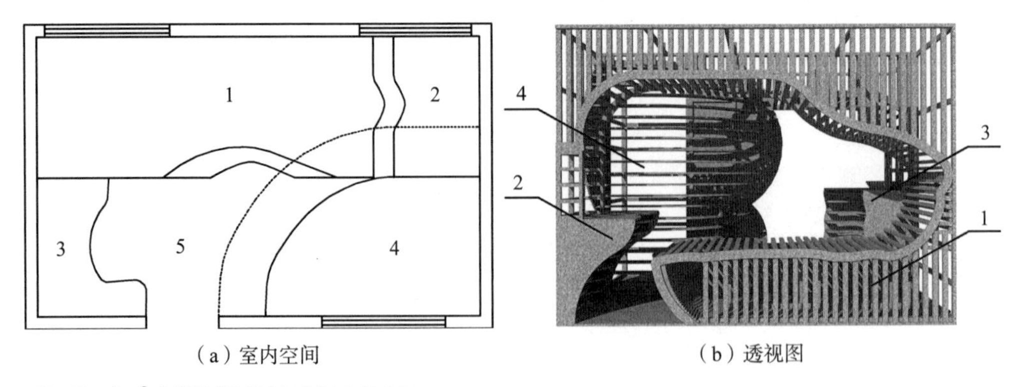

（a）室内空间　　（b）透视图

图6.48　6m^2 非线性微型居室空间功能分区

1就寝区；2工作区；3烹饪区；4沐浴区；5交通区。

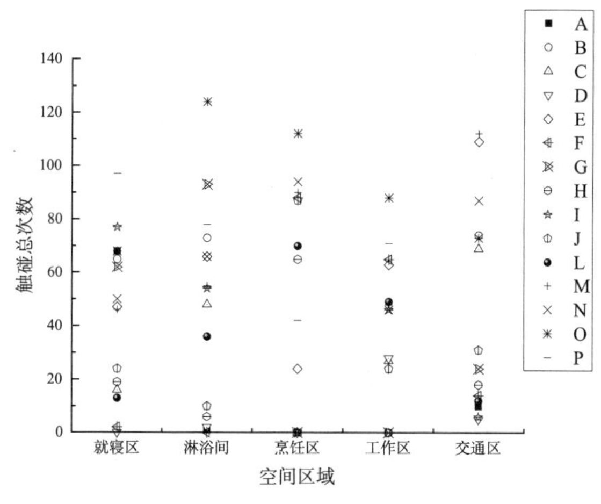

图6.49 触碰总次数与触碰部位

A头部；B肩侧；C上臂侧；D胸部；E下臂侧；F腹部；G背部；H胯侧；I臀部；J大腿；K膝部；L小腿；M脚部；N手部；O臂肘。

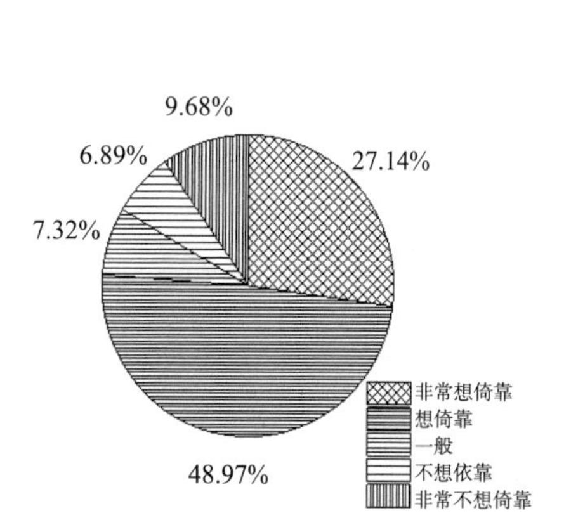

图6.50 倚靠冲动评价

就寝区的平均触碰次数为32.70次/人，淋浴间的平均触碰次数为35.60次/人，烹饪区的平均触碰次数为33.60次/人，工作区的平均触碰次数为27.75次/人，交通区的平均触碰次数为32.90次/人，总体平均触碰次数为32.51次/人。触碰的原因52.70%为擦碰，47.30% 为主动或无意识的倚靠行为。行为空间的问题包括无意识磕碰的频率较高，空间界面的连续性不够，动作行为阻碍较大等。对于倚靠冲动，非常想倚靠的人数占据27.14%，想倚靠的人数占据48.97%，即有76.11%的实验主体倾向于倚靠极小空间内的围护结构和家具设施（图6.50）。据观察和访谈发现，倚靠和触碰的主观因素包括便于调整体位、行走、支撑其他运动行为、便于导向和省力等，客观因素包含空间狭小、运动习惯和运动惯性等，而运动阻碍发生的主要原因则在于空间界面过短、中断、转向和形体变化等。

综上所述，微型建筑狭小的空间对于空间感知设计既是挑战也是机遇。微型建筑可以在较小的代价下，充分发挥使用者创造空间的能动性。在以上所述的微型建筑的设计与实践中，有充分发挥使用者的创造性，充分满足使用者日常生活中最为细微的行为及行动习惯的自适应性微型建筑，让没有设计能力的普通人也能创造生活空间；有充分满足廉价、易于制造、易于拼装且能充分发挥使用者创造性的采用通用构件的可变微型建筑，让没有施工能力的普通人也能建造生活空间；有充分考虑使用者行为及行动习惯的由线性与非线性建筑空间组合模块生成的线性微型建筑空间单元与非线性微型建筑空间单元，让微型建筑空间也能变得精致；有满足使用者触觉和视觉敏感性及舒适性需求的动态三角住宅微型建筑，让微型建筑空间成为与人体关系亲密的友好型居室。有满足使用者视觉敏感性及丰富性需求的非线性微型建筑空间单元，让微型建筑空间变得美丽动人。微型建筑“小而精，小而全，小而秀”的优势在这些微型建筑空间的设计及实践研究中得到了充分地体现。

第 7 章 微型建筑舒适度多参数评价

真诚、善良和美好，就是设计的终极目标。

——Kenji Ekuan

微型建筑空间狭小的尺度对于室内空间环境的舒适性是一种不小的挑战。室内空间环境的舒适性来源于人体对于空间的整体感知，而整体感知又由不同类型的感知刺激共同形成。由于空间狭小，人体的感知会有别于一般性的空间，有的被放大而有的则被削弱。因此，如何评价微型建筑空间的舒适性是一个问题。这个问题包括两个方面，一个是评价的对象，一个是如何评价，将人体的多项感知列为舒适性评价的对象，是一种新的尝试。这种微型建筑舒适度多参数评价对于微型建筑空间舒适性的量化有着积极的作用。

7.1 微型建筑空间舒适度因子

微型建筑空间里与人体主观舒适性相关的因素相当庞杂，而这些因素会对人体的生理、心理和日常行为等造成不同程度的影响①。空间是依靠感知、信念、目的和其他渠道来探索的②，这种探索的经历把空间变成了自己的场所③，而探索过程是通过人体感知———触觉、听觉、嗅觉、视觉和动觉（行为局限性）等来实现的④。反过来，这一过程也是人体接收信息形成感知的途径⑤。比起普通建筑空间，人们在微型建筑空间中有着不同的空间体验，感知所关注的内容发生了变化，一些感知敏感度加强了，而另一些则被削弱。例如，在微型建筑空间中，人们会更为关心皮肤的触感、自己活动的噪声、室内空气的味道、灯光的颜色等；人们会更容易感到气闷，夏天容易感到过热，肢体也会更加频繁地与周围物体接触；此外，步速放慢、肢体动作减少或幅度减小等也是人们在适应微型建筑空间的过程中普遍发生的变化，这些变化很多都与空间狭小有很大关系。因此，基于微型建筑空间独特的空间体验，有必要为微型建筑空间环境制定专门的舒适性评价系统，促进微型建筑空间成为更为理想的“场所”。

以调研为基础，通过头脑风暴法和德尔菲法等专家调查法，提出确定1个目标层、5个准则层、12个方案层和14个次方案层的评价指标体系，包括触觉因子C1（触摸材质，包括：光滑度、温感、硬度和质地、触摸形状；热环境，包括：温度、湿度和通风）；听觉因子C2（环境噪声、人体活动噪声）；嗅觉因子C3（气味、新鲜度）；视觉因子C4（自然采光的亮度、均匀度，人工采光的亮度、均匀度、光色，材质的色彩、质地、图案与机理，空间的形体、尺度）和动觉因子C5（限制行为种类数量、限制行为幅度）。这五个准则层因子与人体五种感知直接对应⑥。微型建筑空间与普通建筑空间不同的地方在于空间尺度的急剧压缩，这种压缩给室内环境带来了很多负面的影响。与

---

① HOLTON M. A Place for Sharing: the Emotional Geographies of Peer-Sharing in UK University Halls of Residences[J]. Emotion Space and Society，2017, 22(2): 4-12.

② CHISTOPHER T. A Phenomenology of Landscape[M]. London:Routledge，1994: 12-15.

③ KRISTY E P，DAVID E W. Soundscapes in the Past: Investigating Sound at the Landscape Level [J]. Journal of Archaeological Science: reports，2017，44(5): 1-11.

④ ELIK Z，Kinaesthesia. Sensorium: Embodied Experience，Technology，and Contemporary Art[M]. Cambridge MA: MITPress，2006: 159-162.

⑤ HOLL S，PALLASMAA J，GOMEZ A P. Questions of Perception: Phenomenology of Architecture[M]. San Francisco: William Stout，2006，34.

⑥ 颜玉娟，陈星可，李永芳，等. 基于层次分析法的湖南阳明山森林公园植物景观规划研究[J]. 中国园林，2018，34(1): 102-107.

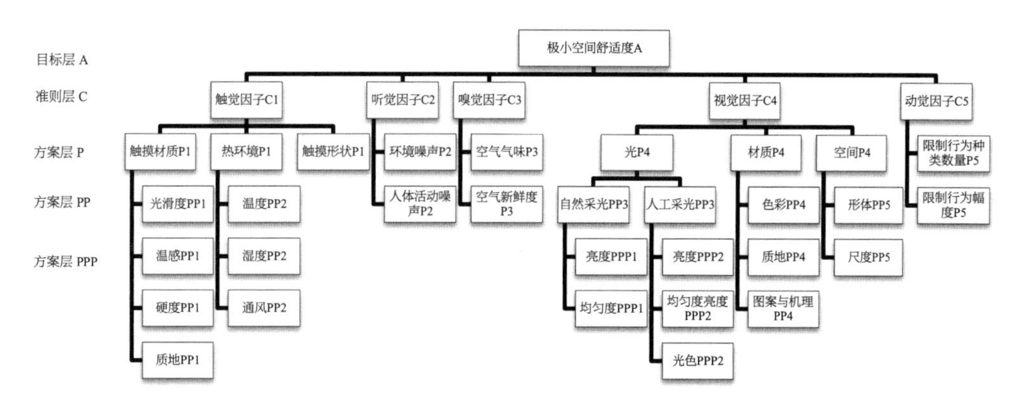

图7.1　层次结构模型

这些因素相关的问题有的在微型建筑空间和普通建筑空间中同时被关注（视觉因子）；有的在普通建筑空间中已经被关注，但在微型建筑空间中矛盾更为突出（听觉因子、触觉因子中的热环境感受）；有的在普通建筑空间中并不被关注，但在微型建筑空间中则成为必须重视的问题（嗅觉因子和触觉因子中的材质、形状感受）；而有的则是普通建筑空间中基本很少发生，但在微型建筑空间中则成为必须十分重视的问题（动觉因子）（图7.1）。

7.2　微型建筑舒适度因子权重及空间综合评价

采用层次分析法AHP（Analytic Hierarchy Process），引入9分位相对重要比例标度（极重要9，很重要7，重要5，略重要3，相等1，略不重要1/3，不重要1/5，很不重要1/7，极不重要1/9）。以马斯洛需求层次理论为基础，通过调研并根据17位专家（9位建筑学专业、4位建筑物理专业、4位建筑环境专业）的意见对准则层C1～准则层C4、方案层P1～方案层P5、方案层PP1～方案层PP5、方案层PPP1和方案层PPP2作出评判，构成判断比较矩阵，得出指标矢量（权重）。其中，因为与“听觉因子”相关的方案层P2只有2个子项——“环境噪声”和“人体活动噪声”，与“嗅觉因子”相关的方案层P3只有2个子项——“空气气味”和“空气新鲜度”，与“动觉因子”相关的方案层P5只有2个子项——“限制行为种类数量”和“限制行为幅度”，与“光”相关的方案层PP3只有2个子项——“自然采光”和“人工采光”，与“空间”相关的方案层PP5只有2个子项——“形体”和“尺度”，与“自然采光”相关的方案层PPP1只有2个子项——“亮度”和“均匀度”，所以根据调研并结合专家的意见对方案层直接作出评判，得出指标矢量（权重）。

依据准则层和方案层的权重，选定测试主体进行6m^{2}非线性微型居室空间单元1∶1示范性微建筑的居住体验，并基于人体感知进行微型建筑空间舒适性评价。针对层次底端子项，将满意度划分为5种程度：非常不满意为0～0.2，不满意为0.2～0.4，一般为0.4～0.6，比较满意为0.6～0.8，非常满意为0.8～1。在3次（春季、夏季和冬季）为期10天的居住体验实践中（1小时/人）进行问卷测评（测试人员对于每一项感知子项尽量把握整体性），将结果平均并归一化，得出层次底端子项分值，并乘以权重，最后得出1∶1示范性微建筑内部微型建筑空间的基于人体感知的多维总体评价。结果表明，该微型建筑空间舒适度达到比较满意的程度（0.72117）。而在5种感知中，动觉评价最低（0.58141），其次为听觉（0.60665），见表7.1。

6m^{2}非线性微型居室空间单元1：1示范性微建筑室内环境基于人体感知的多维主观评价　表7.1

准则层（权重）	测试分值	方案层P（权重）	测试分值	方案层PP（权重）	测试分值	方案层PPP（权重）	测试分值
触觉（0.51100）	0.74716	触摸材质（0.07042）	0.64175	光滑度（0.61927）	0.67027		
				温感（0.03689）	0.72973		
				硬度（0.23527）	0.56216		
				质地（0.10857）	0.62162		
		热环境（0.75141）	0.75091	温度（0.74287）	0.76757		
				湿度（0.06325）	0.68648		
				通风（0.19388）	0.70811		
		触摸形状（0.17818）	0.77297				
听觉（0.03293）	0.60665	环境噪声（0.42300）	0.63784				
		人体活动噪声（0.57700）	0.58378				
嗅觉（0.06363）	0.74929	空气气味（0.55200）	0.69189				
		空气新鲜度（0.44800）	0.82001				

续表

准则层（权重）	测试分值	方案层P（权重）	测试分值	方案层PP（权重）	测试分值	方案层PPP（权重）	测试分值
视觉（0.26383）	0.74436	光（0.18839）	0.71478	自然采光（0.53800）	0.596023	亮度（0.65400）	0.56671
						均匀度（0.34600）	0.65143
				人工采光（0.46200）	0.85307	亮度（0.67163）	0.82703
						均匀（0.06294）	0.76216
						光色（0.26543）	0.94054
		材质（0.08096）	0.66748	色彩（0.63699）	0.60541		
				质地（0.10473）	0.66487		
				图案与机理（0.25828）	0.82162		
		空间（0.73065）	0.76051	形体（0.63100）	0.90811		
				尺度（0.36900）	0.50811		
动觉（0.12957）	0.58141	限制行为种类数量（0.47200）	0.24748				
		限制行为幅度（0.52800）	0.33392				
总体评价	0.72117						

微型建筑空间环境是一种极限状况下的人居环境，一方面对室内环境提出了新的挑战，另一方面对人体感知也有不同于普通建筑空间的复杂与深刻的影响。基于人体感知的微型建筑空间环境主观多维评价系统，即针对这种将复杂多变的环境因素整合在一个狭小空间内的情况，采用层次分析法将各个空间环境影响因素根据人体感知进行分类、分层评价，结构清晰，评价简单明了，有助于寻找问题根源，可适时针对人体空间感知、体验的个性化和即时性进行调整，从而改善室内环境，减轻微型建筑空间对人体行为和情绪上的负面影响。

参考文献

[1]（英）卢斯·斯拉维德（Ruth Slavid）. 全球53个精彩绝伦的小建筑·大设计[M]. 吕玉蝉，译. 北京：金城出版社，2012.

[2] [英]SUH K, Mobile architecture[M]. Seoul: Damdi Publishing Co, 2011.

[3] 比利时建筑师设计蛋型住宅20平米设备齐全[EB/OL]. 光明网，2013-10-30.

[4] 顾荣明. 极小生活？——柯布晚年住所分析[J]. 江苏建筑，2008（06）：7-8.

[5] 陈星，刘义. 基于人体感知的极小空间主观多维评价模型[J]. 工业建筑，2019（10）：80-84.

[6] 陈星，刘义. 基于视觉感知和行走行为的室内空间形态研究[J]. 西安建筑科技大学学报（自然科学版），2019，51（3）：411-417.

[7] 陈星，刘义. 极小建筑空间接触性体验研究[J]. 建筑科学，2019，35（2）：143-149.

[8] Holl, S, Pallasmaa, J, Pérez G A, Questions of Perception: Phenomenology of Architecture[M]. William Stout: San Francisco, 2006.

[9] Benjamin B S. Space Structures for Low-stress Environments[J]. International Journal of Space Structures, 2005, 20(3):127-133.

[10] RukmanePoča, Ilze, Krastiņš, Jānis. The Tendencies of Formal Expression of 21st Century Architecture[J]. Architecture & Urban Planning, 2010.

[11] J López-Besora, A Isalgué, Coch H, et al. Yellow is green: An opportunity for energy savings through colour in architectural spaces[J]. Energy and Buildings, 2014, 78(78): 105-112.

[12] Sean A, Leah K, Costanza Colombi, Multisensory Architecture: The Dynamic Interplay of Environment, Movement and Social Function[J]. Architectural Design, 2017, 87(2): 90-99.

[13] 常怀生. 建筑环境心理学[M]. 北京：中国建筑工业出版社，1990.

[14] 陈星, 刘义. 基于人体感知的极小空间主观多维评价模型[J]. 工业建筑，2019，49（10）：80-82.

[15] Bezaleel S. Benjamin, Space Structures for Low-stress Environments [J]. International

Journal of Space Structures, 2005: 127-133.

[16] Maria Lorena Lehman, Architectural Building for All the Senses: Bringing Space to Life, undated, www.mlldesignlab.com/blog/architectural-building-for-all-the-senses.

[17] Juhani Pallasmaa, Hapticity and Time: Notes on Fragile Architecture, Architectural Review, 2000, 207: 78-84.

[18] 李麟学，侯苗苗. 健康・感知・热力学 身体视角的建筑环境调控演化与前沿[J]. 时代建筑，2020（5）：6-13.

[19] YANG W, MOON H J. Combined Effects of Acoustic, Thermal, and Illumination Conditions on the Comfort of Discrete Senses and Overall Indoor Environment[J]. Building and Environment, 2019, 148: 623-633.

[20] Spence C. Designing for the Multisensory Mind[J]. Architectural Design, 2020, 90(6): 42-49.

[21] Maurice Merleau-Ponty. The Film and the New Psychology, in The Visible and the Invisible[M]. Northwestern University Press (Evanston, IL), 1968: 48.

[22] See, for instance, Robert Mandrou as quoted in Jay Martin, Downcast Eyes: The Denigration of Vision in Twentieth-Century French Thought, California University Press (Berkeley and Los Angeles), 1994.

[23] Wonyoung Yang, Moon H J. Combined effects of acoustic, thermal, and illumination conditions on the comfort of discrete senses and overall indoor environment[J]. Building and Environment, 2019.

[24] Charles Spence, Temperature-based Crossmodal Correspondences: Causes and Consequences, Multisensory Research, 2020, 33.

[25] Sean A, Leah K, Costanza Colombi. Multisensory Architecture: The Dynamic Interplay of Environment, Movement and Social Function[J]. Architectural Design, 2017, 87(2): 90-99.

[26] John Stevens. 4 Clever Psychology Rules for Making Better UX Decisions[J]. Design & UX, 2016(9).

[27] 徐磊青. 人体工程学与环境行为学[M]. 北京：中国建筑工业出版社，2006.

[28] 朱颖心. 建筑环境学[M]. 北京：中国建筑工业出版社，2016.

[29]（美）鲁道夫・阿恩海姆，艺术与视知觉[M]. 滕守尧，朱疆源，译. 成都：四川人民出版社，2016.

[30] Sangwon Lee, Kwangyun Wohn, Occupants' Perceptions of Amenity and Efficiency for Verification of Spatial Design Adequacy[J]. International Journal of Environmental Research and Public Health, 2016, 13(128), 1-31.

[31] J López-Besora, A Isalgué, Coch H, et al. Yellow is green: An opportunity for energy savings through colour in architectural spaces[J]. Energy and Buildings, 2014, 78(78): 105-112.

[32] Alberto Pérez-Gómez. Attunement: Architectural Meaning After the Crisis of Modern Science[M]. MIT Press (Cambridge, MA), 2016.

[33] 陈星，刘义. 基于人体感知的极小空间主观多维评价模型[J]. 工业建筑，2019，49（10）：80-84+116.

[34] C. Cuttle. Towards the third stage of the lighting profession[J]. Lighting Research and Technology 2010 (42): 73-93.

[35] HOLTON M. A Place for Sharing: the Emotional Geographies of Peer-Sharing in UK University Halls of Residences[J]. Emotion Space and Society, 2017, 22(2): 4-12.

[36] CHISTOPHER T. A Phenomenology of Landscape[M]. London:Routledge, 1994: 12-15.

[37] KRISTY E P, DAVID E W. Soundscapes in the Past:Investigating Sound at the Landscape Level[J]. Journal of Archaeological Science: reports, 2017, 44(5): 1-11.

[38] ELIK Z, Kinaesthesia. Sensorium: Embodied Experience, Technology, and Contemporary Art[M]. Cambridge MA: MITPress, 2006: 159-162.

[39] HOLL S, PALLASMAA J, GOMEZ A P. Questions of Perception: Phenomenology of Architecture[M]. San Francisco:William Stout, 2006, 34.

[40] 颜玉娟，陈星可，李永芳，等. 基于层次分析法的湖南阳明山森林公园植物景观规划研究[J]. 中国园林，2018，34（1）：102-107.

后 记

往事历历在目，从不曾忘却。从2013年开始研究微型建筑空间与空间感知已经将近10年，从第一个微型建筑的设计与建造开始，一步一步向前走，探索了很多未知的领域，学习到了很多的知识，收获了很多新的发现，也体验到了很多乐趣。建筑空间的迷人之处就在于它潜藏的巨大力量，能够从不同层面对它的使用者施加影响。人本身就是一个复杂神秘的个体，这项研究将人体与空间联系起来，涉及建筑学、建筑环境学、环境行为学、人体工程学、心理学、生理学、生理物理学和美学等各个学科，前路充满了风险与挑战，但我们甘之若饴。

感谢课题组刘义老师、多名研究生和本科生（王曦、杨凌凡、闵旭、施玲、化翔宇、单梓璐、孙英鹤、黄冬波、刘鹤鸣、张荣飞、吕程达、张妍、张亦冬、夏星源、林琴霞等同学）的努力工作，是你们多年积累的辛勤的工作，才使本书能顺利完成并出版。感谢扬州大学园艺与植物保护学院及澳门城市大学的李尉铭老师对本书的部分撰写工作作出了一定贡献。感谢我的女儿，在研究的过程中，她用敏锐的空间感知身体力行地给与了我们诸多的灵感。

感谢扬州大学建筑科学与工程学院和电气与能源动力工程学院领导们的关心和支持，为我们的科学研究和书籍撰写工作提供了便利的条件，并激励着我们努力前行。

感谢国家自然科学基金项目（项目编号51978598、51508494）、住房和城乡建设部研究开发项目（2014-k2-022）和教育部人文社会科学研究规划基金项目（17YJAZH070）的资助，在此谨对国家自然科学基金委员会、住房和城乡建设部和教育部表示感谢。

感谢扬州大学出版基金的经费资助，让我们的研究工作能顺利开展。

感谢建筑行业国际知名专家徐磊青教授为本书撰写序言，并对本书进行了悉心指点。

感谢中国建筑工业出版社唐旭主任和吴人杰编辑对本书的关心指导，使我们的研究成果能顺利转化成书。

这本书的出版旨在提出问题，惟愿吸引更多的同仁投入到人与空间的这项研究大业中去，在现有的条件下，为更多的人提供更好的生活空间。

2022年8月